准噶尔盆地油气实验技术与应用系列丛书

西准噶尔地区
地质露头典型构造解析

靳 军 吴孔友 王 剑 向宝力 等著

石油工业出版社

内 容 提 要

本书对准噶尔盆地西北缘构造带10条重点露头区地质剖面进行了野外地质踏勘、构造的精细刻画和解释以及构造形成机理与演化过程等方面的综合分析，并以图文结合的方式系统描述了各露头区交通条件、地质概况、典型露头构造解析等内容。对于全面深化了解和认识准噶尔盆地西北缘构造带成因、油气富集规律和成藏条件及勘探潜力都具有重要的参考价值。

本书可供从事石油地质研究，特别是野外地面地质和构造研究的科研人员及相关院校师生学习和参考。

图书在版编目（CIP）数据

西准噶尔地区地质露头典型构造解析 / 靳军等著.
—北京：石油工业出版社，2017.12
（准噶尔盆地油气实验技术与应用系列丛书）
ISBN 978-7-5183-2247-3

Ⅰ.①西… Ⅱ.①靳… Ⅲ.①准噶尔盆地－油气藏－
地质勘探 Ⅳ.① P618.130.2

中国版本图书馆 CIP 数据核字（2017）第 271361 号

出版发行：石油工业出版社
　　　　　（北京安定门外安华里 2 区 1 号　　100011）
　　　　　网　　址：www.petropub.com
　　　　　编辑部：（010）64523708　　图书营销中心：（010）64523633
经　　销：全国新华书店
印　　刷：北京中石油彩色印刷有限责任公司

2017 年 12 月第 1 版　　2017 年 12 月第 1 次印刷
889×1194 毫米　开本：1/16　印张：16.75
字数：320 千字

定价：180.00 元

《西准噶尔地区地质露头典型构造解析》

编写人员

靳　军	吴孔友	王　剑	向宝力	裴仰文
罗正江	连丽霞	李天然	祁利祺	师天明
刘　寅	贾国澜	周基贤	王屿涛	刘　明
蒋　欢	雷海艳	谢礼科	孟　颖	马　聪

序

英国著名科学家、现代实验科学的奠基人培根说过"没有实验，就没有科学"。现代科技的发展和引领者基本上都是在实验室中孕育产生的。实验室作为科学研究和人才培养的平台和载体，国内外历来都十分重视。作为现代企业，实验室的建设、实验技术和水平的提升、实验研究成果的推广和应用是企业科技创新的基础和动力。

2011 年 12 月 6 日"新疆油田公司实验检测研究院"正式挂牌，标志着新疆油田公司化验、实验、检测业务发展的新起点，亦是中国三大石油公司及所属油田实验检测业务独立发展的新模式。挂牌伊始，时任新疆油田公司总经理陈新发提出了"充分实现资源整合利用，以现代化的理念，建成大中亚地区最具实力、最具影响力的实验检测研究院"这一要求以及"立足新疆、面向西部、辐射中亚"的业务定位，新疆油田的油气实验技术和应用将步入全新的发展空间。

纵观新疆油田油气勘探开发半个多世纪的发展史，无论是油气发现，还是增储上产，都离不开实验基础和实验研究。早在 20 世纪 50 年代初，新疆油田勘探开发研究就与实验研究融为一体，1951 年成立了"独山子科学研究总化验室"，1955 年改名为"新疆石油公司中心科学化验室"，之后，随着油田的发展，油气实验研究与之独立。可以说，新疆油田油气勘探开发史亦是一部油气实验技术应用史，这期间，积累了丰富的实验研究成果，培育了大量实验技术与应用人才。

在庆祝"新疆油田勘探开发六十周年"之际，我们欣慰地看到，由实验检测研究院组织编纂的《准噶尔盆地油气实验技术与应用系列丛书》在历经两年的时间后，与大家见面了。这既是对"克拉玛依油田发现六十周年"庆典活动最好的献礼，也是对新疆油田油气实验研究理论、技术和应用全面系统地总结和提升。

《准噶尔盆地油气实验技术与应用系列丛书》的问世，汇聚了几代油气实验科技工作者的成果与智慧，也反映了当代年轻实验工作者刻苦钻研、勇于创新的精神。同时，又是一套弥足珍贵的系列专著与教科书和育人成才的精神财富。

面对准噶尔盆地越来越复杂的油藏地质条件和增储上产越来越困难的勘探开发现状，希望从事油气实验研究的科技工作者沉下心来，潜心钻研，勇于攻关，不断提升实验研究水平，大力推广实验研究成果，攻克和解决勘探开发领域的各类难题，为"十三五"新疆油田的可持续发展做出新的、更大的贡献。

中国石油新疆油田分公司副总经理

2015 年 1 月 12 日

前言

QIANYAN

　　西准噶尔地区地处哈萨克斯坦板块与准噶尔地块碰撞缝合处,同时又受西伯利亚板块与准噶尔地块碰撞、塔里木板块与准噶尔地块碰撞的影响,构造极其复杂,区域构造位置极为重要。由于受长期风化剥蚀的影响,该区露头良好、地质现象丰富,且交通条件便利,是开展野外地质研究的天然场所。前人针对西准噶尔地区野外露头开展了大量研究工作,主要集中在金属矿产(金、铜、铁、钼等)的特征、分布及成因等方面,但对其发育的构造类型、特征、组合样式及形成机理缺乏系统的野外调查和精细描述,以及对典型构造位置、特征、标志等性质的解析和路线的清晰描述。因此,全面系统的野外露头构造解析和标准图版的建立无疑具有十分重要的意义。

　　西准噶尔地区西北缘构造带是准噶尔盆地油气最为富集的地区,虽历经了半个多世纪的勘探开发,原油累计探明储量和产量已分别占准噶尔盆地总探明储量和产量的 77.1 % 和 74.3%,但勘探开发和增储上产的势头和后劲不减,特别是自"十五"中期以来,准噶尔盆地 60% 以上的新增储量和新建产能都源自西北缘区带。"十二五"以来,围绕玛湖斜坡区连续发现并探明了玛 131、玛 18 等多个油气藏,三级储量规模达到 3.2×10^8t,形成了新的百里油区的壮观场面,这充分预示了西北缘构造带仍具有巨大的勘探开发潜力。

　　目前,中国石化已在哈拉阿拉特山推覆体内发现了油气,正在钻探掩伏带内部并且已有较好的油气显示。而位于相同构造位置的扎伊尔山,由于构造复杂、地层分布不清等原因,至今未能上钻。但通过地质类比,推测其是具有含油气远景和勘探开发潜力的。因此,选择西北缘构造带 10 条重点露头剖面,从野外地质踏勘、露头区构造的精细刻画和研究及构造形成机理分析等方面全面揭示推覆体的构造特征、形成与演化过程,这将为进一步深化西北缘构造带油气富集规律和成藏条件的研究,以及为开创新的勘探领域奠定坚实的基础。

本书以图文结合的方式系统描述各露头区交通条件、地质概况、典型露头构造解析等内容,旨在使其成为西北缘构造带野外露头观测和研究的工具书和构造形成机理分析与研究的教科书。鉴于作者专业水平所限及地质资料尚缺乏系统完整性,书中不当之处在所难免,敬请读者批评指正。

目录

MULU

第一章　西准噶尔地区地质背景

准噶尔盆地位于新疆北部,是新疆"三山两盆"格局中重要的组成部分,盆地面积约 $13 \times 10^4 km^2$。盆地周缘为褶皱山系所环绕,形似三角形,西北缘为扎伊尔山和哈拉阿拉特山,东北缘为阿尔泰山、青格里底山和克拉美丽山,南缘为天山山脉的博格达山和依林黑比尔根山。盆地以逆冲断层与周缘山系分界,并在山前形成数个前陆坳陷。该盆地为一个晚古生代—中新生代大型陆相挤压叠合盆地(蔡忠贤,2000),自形成以来经历了复杂的构造演化,现今可以划分为 3 大隆起(陆梁隆起、西部隆起、东部隆起)、两大坳陷(乌伦古坳陷、中央坳陷)和一个山前冲断带(北天山山前冲断带),包括 6 个一级构造单元和 44 个二级构造单元(杨海波等,2004)(图 1-1)。

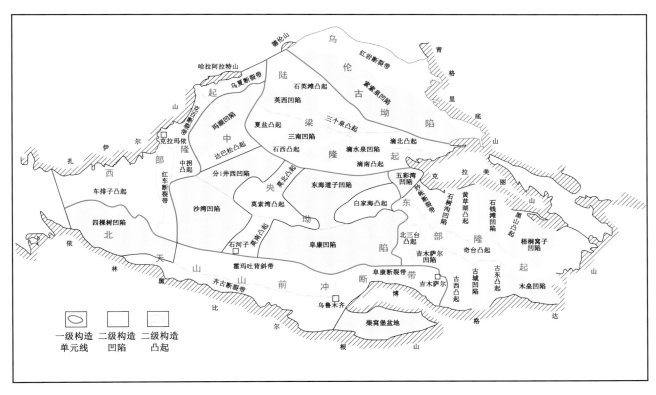

图 1-1　准噶尔盆地构造单元划分图(据杨海波等,2004)

第一节　大地构造格局与地质概况

一、大地构造格局

西准噶尔地区位于哈萨克斯坦—准噶尔板块(Ⅱ)准噶尔微板块(Ⅱ₁)之唐巴勒—卡拉麦里古生代复合沟弧带(II_1^5),东南角与准噶尔中央地块毗邻(图 1-2)。其夹持在西伯利亚板块和伊犁微板块陆缘活动带之间,是陆缘活动带的三角地区,属晚古生代的会聚地带(陈哲夫,1997)。无论是西伯利亚板块历次向南增生,还是欧亚板块与印度板块的碰撞或A型俯冲,都对本区的构造演化产生不同程度的影响。

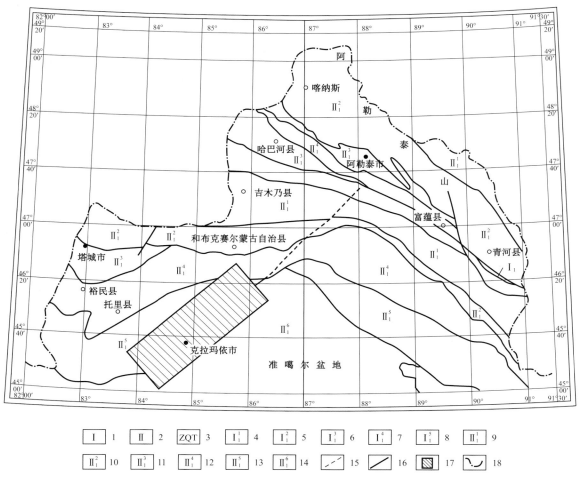

图1-2　西准噶尔大地构造位置示意图

1—西伯利亚板块;2—哈萨克斯坦板块;3—查尔斯克—乔夏哈拉缝合带;4—诺尔特晚古生代上叠盆地;5—阿尔泰古生代深层岩浆弧;
6—南阿尔泰晚古生代弧后裂陷槽;7—额尔齐斯构造杂岩带;8—哈巴河晚古生代弧前盆地;9—萨吾尔—二台晚古生代岛弧带;
10—洪古勒楞—阿尔曼太早古生代沟弧带;11—塔城晚古生代弧间盆地;12—谢米斯台—库兰卡兹中古生代复合岛弧带;
13—唐巴勒—卡拉麦里古生代复合沟弧带;14—准噶尔中央地块;15—推测断层;16—实测断层;17—研究区位置;18—国界

　　西准噶尔造山带是西北地区一系列北西向造山带中的唯一北东向造山带,受邻区构造带的影响,构造活动非常复杂,在奥陶系到石炭系的不同岩层中蛇绿混杂岩分布广泛,如科克森、洪古勒楞、达尔布特、玛依勒、唐巴勒蛇绿岩带;该区广泛分布有晚古生代后碰撞花岗岩侵入体,在花岗岩体中又发育有中基性岩墙群,这些表明该地区经历了复杂的地质构造演化。但是对于蛇绿岩体、花岗岩侵入体的形成时代和属性都存在较大争议。最新的资料表明,大量的A型花岗岩的发育和花岗岩体中岩墙群的发育,以及花岗岩对蛇绿岩母岩的侵入限定了西准噶尔洋盆关闭时间不晚于晚石炭世(韩宝福等,2006;陈石,郭召杰,2010)。在此之前,西准噶尔地区存在一个相当广阔而地形复杂的“西准噶尔洋”,是当时西伯利亚板块、哈萨克斯坦板块和塔里木板块之间古大洋的一部分。晚石炭世—早二叠世西准噶尔地区处于伸展断陷阶段,侵入大量花岗岩和中基性岩墙群,分散拼贴的地块被焊接在一起,出现完整的西准噶尔陆块,与此同时准噶尔盆地出现雏形,接受河流相和湖泊相碎屑沉积(Buckmanand Aitchison,2004；韩宝福等,2006；孟家峰等,2009)。晚古生代,西准噶尔地区发育多条北东—南西向走滑断层,从北西到南东依次形成巴尔雷克断层、托里断层、达尔布特断层(Allen 等,1995；Allen and Vincent,1997；Laurent-Charvet 等,2002)。

达尔布特断裂位于西准噶尔褶皱带与准噶尔盆地的交界部位,长约 400km,走向约 53° 北东向,沿扎伊尔山—哈拉阿拉特山西侧出露,在地貌上将山脉和盆地呈直线状分割(图 1-3)。紧邻断裂广泛出露石炭系和第四系,局部地区出露奥陶系、志留系、白垩系和古近系。石炭系中发育花岗岩侵入体。达尔布特断裂带内岩石遭受强烈的挤压破碎,极易风化剥蚀,加之断裂带内包谷图河与达尔布特河的冲刷和搬运作用,现今达尔布特断裂已被侵蚀为一条宽约 100m,深约 50m 绵延数百千米的深谷,谷底为河流搬运的第四纪沉积物所覆盖,而山谷两侧出露断裂带内的中—下石炭统。

扎伊尔山原属巴尔喀什地块陆缘古生代沉积区,后经逆冲推覆于准噶尔地块西北边缘,现今以异地推覆体的形式存在,其间发育巴尔雷克、托里、哈图及达尔布特等岩石圈深大断裂,以东部的达尔布特断裂与准噶尔盆地分界(马宗晋,2008；曲国胜,2008)。这些断裂控制着西准噶尔地区的构造格局及逆掩断裂带的展布(何登发,2004)。石炭系在周围山区发育较广,主要由火山岩、陆源碎屑岩组成；其经过长期风化剥蚀,风化壳发育。区内出露大量花岗岩体,最大的两个为克拉玛依岩体和红山岩体。花岗岩体中发育有中基性辉绿岩岩墙群。该区还发育多个不连续分布的带状蛇绿岩体(图 1-3、图 1-4)

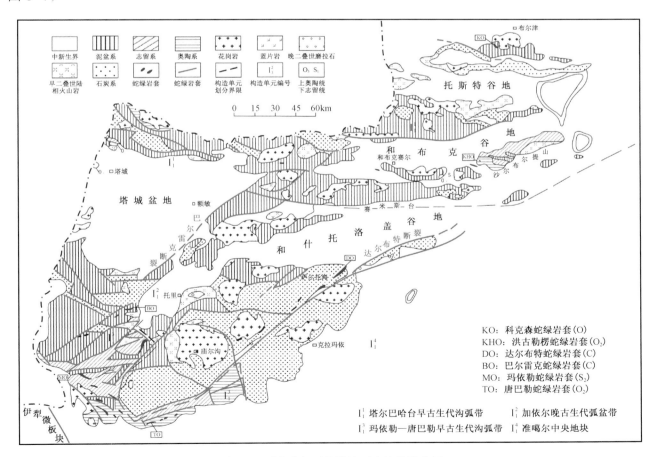

图 1-3　西准噶尔西北缘地区大地构造分区

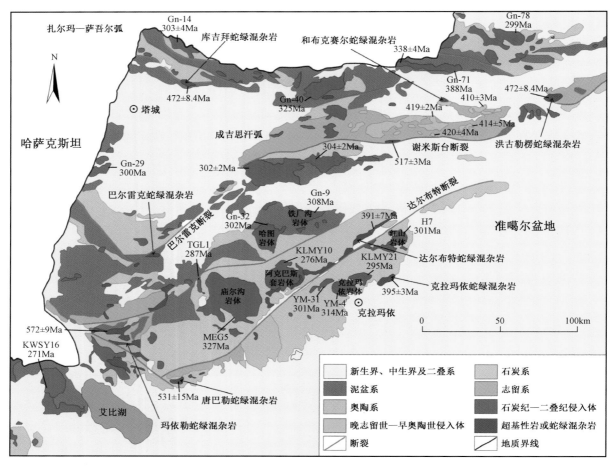

图 1-4　西准噶尔地区地质简图

二、地质概况

（一）构造单元划分

准噶尔盆地西北缘掩覆带位于盆地的西部隆起，东邻玛湖凹陷，西部为扎伊尔山和哈拉阿拉特山，南部为中拐凸起，北至夏子街，长约 250km，宽 20～30km，总面积约 5000km²，总体呈北东向展布。典型露头区位于克拉玛依和托里县境内，属中低山丘陵—戈壁地貌，地势总体西北高，东南低，植被不甚发育，大部分地区均以旱生植物为主（图 1-5）。

克—夏断裂带位于克拉玛依至夏子街之间。黄羊泉断裂对应于达尔布特断裂自南西向北东的转折部位，构成扎伊尔山与哈拉阿拉特山之间的边界。以黄羊泉断裂为界，将克—夏断裂带划分为克—百断裂带和乌—夏断裂带。克—百断裂带长约 84km，宽 6～17km，走向北东，主要活动于二叠纪至三叠纪，晚侏罗世复活，有微弱活动。乌—夏断裂带长约 80km，宽约 16km，自西向东，走向由北东向转为东西向。

达尔布特断裂位于新疆西北部，西准噶尔褶皱带与准噶尔盆地的交界部位（图 1-6）。它西南起于艾比湖北东侧，北东至夏孜盖（和什托洛盖南）附近，总体走向呈北东 54°，倾向北西，总长约 320km（赵瑞斌等，1997）。达尔布特断层是最邻近西北缘地区的一条断层，研究表明，达尔布特断裂对准噶尔盆地西北缘构造

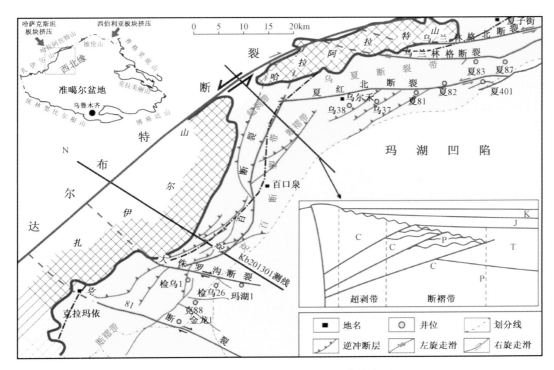

图 1-5　准噶尔西北缘克—夏断裂带构造图

演化尤其是克拉玛依油田的形成有重要影响。西准噶尔与准噶尔盆地西北缘是相邻的两个不同的构造单元,达尔布特断裂的形成和演化又受控于西准噶尔地区的构造演化。

　　大量前人的研究表明,准噶尔盆地西北缘发育逆冲推覆构造(张传绩,1982、1983;尤绮妹,1983;谢宏等,1984;林隆栋,1984;吴庆福,1985;兰廷计,1986;童崇光、陈布科,1986;赵白,1992;何登发等,2004;何登发等,2006;管树巍等,2008;况军等,2008;王军等,2009;曲国胜等,2009);然而,与准噶尔盆地西北缘毗邻的达尔布特却是长期活动的走滑断层(赵志长等,1983;曹宣铎等,1985;Feng 等,1989;张琴华、魏洲龄,1989;冯鸿儒、李旭,1990;Sengor 等,1993;Allen 等,1995;Allen、Vincent,1997)。两个相邻的构造单元具有截然不同的构造性质和动力学特征,然而又共同隶属于同一大的地质背景,显示了准噶尔西北缘极其复杂的构造特征。

(二)区域构造背景

　　准噶尔盆地西北缘介于西准噶尔褶皱山系与准噶尔地块之间,构造位置属前陆冲断带,是古生代晚期—中生代早期发展起来的大型冲断推覆系统(张国俊,1983)。西北缘冲断带具有典型的三段特征,自南向北为红车断裂带段——基底卷入冲断构造模式、克—百断裂带段——断阶构造模式、乌夏断裂带段——断褶构造模式(何登发,2004)。西北缘紧邻准噶尔界山,其形成与演化受造山带的演化控制。西准噶尔界山(扎伊尔山和哈拉阿拉特山)是准噶尔地块与哈萨克斯坦板块相互碰撞拼接的缝合线(陈业全,2004;吴孔友,2005)。扎伊尔山原属巴尔喀什地块陆缘古生代沉积区,后经逆冲推覆于准噶尔地块西北边缘,现今以异地推覆体的形式存在,其间发育巴尔勒克、托里、哈图及达尔布特等岩石圈深大断裂,以东部的达尔布特断裂与准噶尔盆地分界(马宗晋,2008;曲国胜,2008)。这些断裂控制着西准噶尔地区的构造格局以及逆

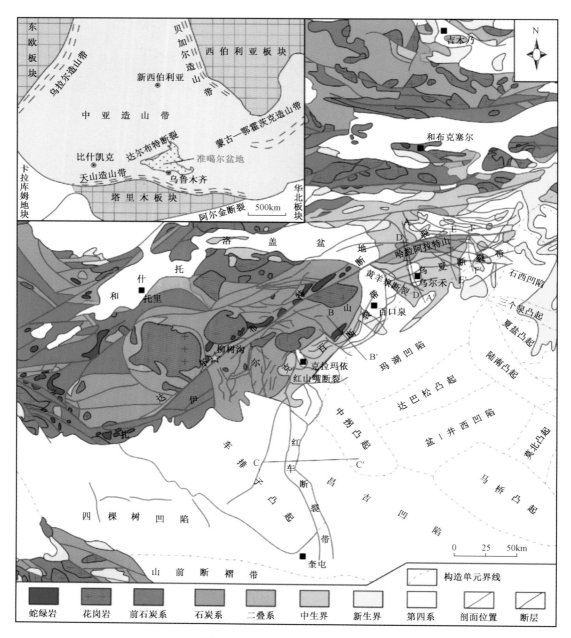

图 1-6　达尔布特断裂构造简图

掩断裂带的展布,克—夏断裂带为这一大型冲断系统的前锋断层(何登发,2004)。

典型露头区的构造分区属于哈萨克斯坦—准噶尔板块准噶尔微板块之唐巴勒—卡拉麦里古复合沟弧带和东南角准噶尔中央地块。该地块不仅受哈萨克斯坦板块内部的地块间相向运动的影响,还受西伯利亚板块、哈萨克斯坦板块、塔里木板块之间相互作用的影响。

(三)地层发育及不整合分布

准噶尔盆地西北缘地区发育石炭系、二叠系、三叠系、侏罗系、白垩系、古近系、新近系及第四系。区内断裂发育,受构造运动影响,断层上、下盘地层发育状况具有显著差异,上盘地层多遭受强烈剥蚀,多缺失二叠系—三叠系,下盘地层则保存较完整。石炭系在周围山区发育较广,主要由火山岩、陆源碎屑岩组成。其经过长期风化剥蚀,风化壳发育。由于克—夏断裂带具有同生性,其对断裂带上下盘地层有控制作用,尤其是控制二叠系的分布。克—夏断裂带钻遇到佳木河组的井很少,故研究程度较低。其上的三叠系、侏罗系、白垩系沉积范围逐渐扩大,超覆于下部地层之上。区内出露大量花岗岩体,最大的两个为克拉玛依岩体和红山岩体。花岗岩体中发育有中基性辉绿岩岩墙群。该区还发育多个不连续分布的带状蛇绿岩体。

在前人资料及地层沉积特征综合分析基础上,综合最新的地震、钻测井及野外露头资料分析,在盆地范围内西北缘克—夏冲断带石炭系和二叠系佳木河组(P_1j)之间,二叠系风城组(P_1f)与二叠系夏子街组(P_2x)之间,二叠系上乌尔禾组(P_3w)与三叠系百口泉组(T_1b)之间,三叠系白碱滩组(T_3b)与侏罗系八道湾组(J_1b)之间以及侏罗系齐古组(J_3q)与白垩系吐谷鲁群(K_1tg)之间分布广泛的角度不整合或区域性冲刷、间断面(图1-7)。

层位		层位代号	厚度(m)	构造层
系	组			
白垩系	吐谷鲁群	K_1tq	100~1200	侏罗系—白垩系构造层
侏罗系	齐古组	J_3q	0~200	
	三工河组	J_2s	0~280	
	八道湾组	J_1b	0~400	
三叠系	白碱滩组	T_3b	0~300	三叠系构造层
	克上组	T_2k_2	0~250	
	克下组	T_2k_1	0~200	
	百口泉组	T_1b	0~230	
二叠系	乌尔禾组	P_2w	0~1200	二叠系构造层
	夏子街组	P_2x	600~1200	
	风城组	P_1f	400~1400	
	佳木河组	P_1j	800~3000	
石炭系		C		

图1-7　西北缘地层及不整合

第二节　高精度野外地质工作方法

一、GPS定位导航技术

全球定位系统GPS的英文全称是Global Positioning System,意为"全球定位系统",它可以在全球范围内全天候、全天时为各类用户提供高精度的定位、导航和授时服务。GPS计划起步于1973年,1978年发射首颗卫星,1994年系统全面建成。GPS定位导航系统主要为军事需要而研发和制造,但民用范围也越来越广,比如汽车、轮船、飞机定位与导航,野外施工定位与导航等,GPS接收机已成为地质人员野外露头踏勘的必备设备。随着技术革命,GPS接收机也不断更新换代,测量精度也不断提高。本课题野外踏勘所使用的GPS接收机是eTrex301型,定位精度为3m,可生成和导出航迹。

二、高清晰度精确摄影

野外露头踏勘及信息采集,离不开高清晰度、高分辨率的照相机。最早的图像采集设备诞生于19世纪60年代的美国,主要用于军事和太空探索。随着半导体技术的发展和成本的大幅度降低,其应用开始向民用领域推广。1992年,柯达公司率先进入数码相机生产领域,如今世界上生产照相机的公司均已涉足数码相机生产,其中具有影响力的包括Ricoh(理光)、Olympus(奥林巴斯)、Sony(索尼)、Cannon(佳能)等。目前市场上较为流行的是数码单反相机,包括佳能的EOS系列、索尼的A99系列、尼康D800系列等。本次野外踏勘所使用的数码相机为佳能的EOS 5D Mark III,该相机为全画幅,2230万像素,支持连拍(6张/s),快门速度最高可达1/8000s。

三、地质构造的野外观察和描述方法

在中—大尺度的野外地质勘察中,常见的地质构造主要为褶皱、断层、沉积构造及地层接触关系等。在准噶尔西北缘的野外勘察中,将采用以下方法对典型地质构造现象进行观察和描述。

1. 褶皱构造的观察和描述

(1)确定岩层的岩性和时代:观察和确定褶曲核部和两翼岩层的岩性和时代;

(2)确定褶皱的产状:观察褶皱两翼岩层的倾斜方向、转折端的形态和顶角的大小,并确定褶曲轴面及枢纽的产状;

(3)确定褶皱的类型,并推断形成时代和成因:根据褶曲的形态、两翼岩层和枢纽的产状确定褶曲的形态,进一步分析推断褶皱的形成时代和成因。

2. 断层的观察和描述

(1)观察、收集断层存在的标志:包括断层破碎带、断层角砾岩、断层滑动面、牵引构造、断层崖、断层三角面等;

(2)确定断层产状:测量断层两盘岩层的产状、断面产状、两盘的断距等;

(3)确定断层两盘运动方向:根据擦痕、阶步、牵引褶曲、地层的重复和缺失现象确定两盘的运动方向;

(4)确定断层类型:根据断层两盘的运动方向,断层面的产状要素,断层面产状和岩层产状的关系确定出断层的类型;

(5)破碎带详细描述:对断裂破碎带的宽度、断层角砾岩、填充物质等情况进行详细描述;

(6)素描、照相和采集标本。

3. 地层接触关系的观察和描述

(1)观察不整合存在的标志:有无底砾岩、风化壳、岩溶面等;

(2)判断不整合类型:测量不整合上、下地层产状,明确接触类型;

(3)确定不整合形成时间:判断下伏地层、上覆地层的时代,确定不整合形成时间。

第三节 地质露头典型构造解析

针对西准噶尔地区露头良好、构造现象丰富的柳树沟剖面、吐孜阿克内沟剖面、不整合沟剖面、大侏罗沟剖面、科克呼拉(38km)剖面、白杨河剖面、乌尔禾沥青脉剖面、红山岩体剖面、布龙果尔沟等10条剖面(图1-8)进行高精度的地质露头构造解析。

一、大地构造环境分析及区域断裂属性与分布研究

区域应力环境及演化阶段分析是构造研究的基础。通过对哈萨克斯坦板块、西伯利亚板块、塔里木板块活动史及与准噶尔地块碰撞史分析,可了解区域构造演化过程。主要工作包括:收集前人研究成果,绘制、整理区域构造纲要及板块格架图,特别是明确西准噶尔周缘发育的区域断裂规模及性质分布图;收集或补测各类出露岩体的年代值,绘制西准噶尔地区出露岩体分布图,并标注年代;收集或补测蛇绿岩的年代值,绘制西准噶尔地区蛇绿岩分布图;分析西准噶尔造山带的形成演化,建立成因模式。

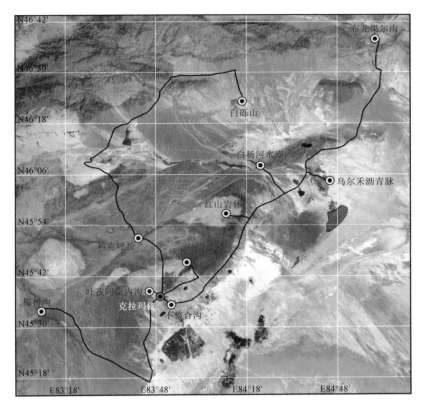

图 1-8　准噶尔西北缘野外露头勘察路线分布图

二、典型构造露头点多角度高清照片、坐标采集及交通路线及地形位置图绘制

收集西准噶尔地区地质图、地形图，并参考 Google Map 和 Google Earth，确定野外路线，并绘制设定露头踏勘剖面的整体位置及路线图，对单条剖面的位置及交通路线进行精细标注，绘制大比例尺图件；针对野外构造露头点，采用 EOS 5D Mark III 全画幅单反数码相机（配备超广角镜头、长焦镜头、三脚架等）进行多角度、长短焦、宏观加微观、高清拍照，并对每个照相点（包括镜头方位记录）、拍摄对象的 GPS 点进行记录，多角度、全方位解释出露构造的特征、类型及组合；最后对 GPS 航迹导出，并形成路线文件。

三、断裂野外识别标志采集、确定、解释及断裂性质判断

以柳树沟剖面、吐孜阿克内沟剖面、大侏罗沟剖面、克科呼拉（38km）剖面、白杨河剖面、布龙果尔沟剖面为研究重点，并对野外出露的断裂采用从宏观到微观的分析方法。首先从地质图上估算断裂的规模，结合地形图及 Google Earth 图确定断裂野外露头位置及出露情况、通行条件等，设计观察路线；在野外施工过程中，首先踏勘，选择典型露头点，观察断裂带或断面发育的擦痕、镜面、透镜体等断裂标志，然后沿着断裂走向进行追踪观察，测量断裂产状及其变化，观察地表地形变化，进行拍照、素描；根据断裂面（带）产状判断断层上、下盘，根据地层岩性组合特征确定地层归属，最后根据两盘地层新老关系、擦痕与阶步指示方向、牵引构造弯曲方向等判断断裂错动方向，确定断裂性质，进行拍照、素描。

四、断裂带变形强度、结构特征及伴生构造解析

在上述研究基础上，观察断裂带岩石破碎程度，推断受力强度及可能的应力场性质，明确断层类型，测量断裂带位移；观察不同位置断裂宽度及岩石破碎程度，判断断裂带结构，分析不同位置变形强度的差异

性,划分结构单元,测量不同结构单元厚度,统计断距与断裂带厚度关系,特别是与诱导裂缝带之间的关系,建立量化评价方法;进行系统对比性取样(主要为全岩分析、薄片分析、扫描电镜分析、流体包裹体测试、岩石物性测试等)、拍照、素描。

五、褶皱构造产状要素、规模、类型分析和地层分布特征及与断层的成因关系研究

以大侏罗沟剖面、克科呼拉(38km)剖面、布龙果尔沟剖面为重点,进行褶皱构造的规模、类型观察、描述与测量,枢纽、翼部与核部的判断;翼间角、枢纽与轴面产状、两翼地层时代判断及产状测量;根据褶皱的形态、两翼岩层和枢纽的产状确定褶皱的形态,进一步分析推断褶皱的形成时代和成因;分析褶皱与周边断层的组合关系;进行系统拍照、素描。

六、不整合类型、结构、发育层位及分布特征研究

以不整合沟剖面、吐孜阿克内沟剖面为重点,观察不整合存在的标志:有无底砾岩、风化壳、岩溶风化面、铁矿与铝土矿等;判断不整合类型:测量不整合上、下地层产状,明确接触类型;确定不整合形成时间:判断下伏地层、上覆地层的时代,确定不整合形成时间,推断间断时间;分析不整合纵向结构,落实不整合结构体的存在及其控油作用的差异性,测量各结构厚度。对不整合纵向结构单元进行系统取样,包括普通薄片、扫描电镜、岩石物性等测试。进行系统拍照、素描。

七、断裂野外识别标志采集、确定、解释及断裂性质判断

西准噶尔地区岩体和岩脉十分发育,且规模宏大。其岩石成分、形成时间均有不同。本书以"973"岩体、红山岩体为重点研究对象,分析岩体被断层、岩体被岩脉、岩脉被岩脉相互切割、交切的关系,判断断层、岩脉、岩体的形成时间及形成序列,明确岩体、岩脉与造山带形成关系及被达尔布特断裂活动所改造的情况。对部分岩体和岩脉补取普通薄片、测年等样品,进行系统拍照、素描。

八、断层、褶皱、不整合等构造的成因背景、机理及形成时间确定,建立成因模式

对野外观察到的断层、褶皱、不整合及岩脉与岩体,在特征精细描述基础上,从宏观背景出发,分析它们的成因及其相互关系,确定形成时代,建立成因模型,对典型构造进行构造物理模拟实验分析。

第二章　扎伊尔山及周缘露头区构造解析

第一节　柳树沟露头区

一、交通、地质概况

柳树沟位于克拉玛依市西侧约 60km 处,从克拉玛依市出发,经由 G3015 国道、S221 省道行车约 1 小时即可到达(图 2-1、图 2-2)。从克拉玛依市至柳树沟,海拔逐步增加,至柳树沟附近海拔可达 1100m。柳树沟在地形上呈现为一条北东—南西走向的深沟,宽达数百米,相关文献认为其为达尔布特断裂形成后长期

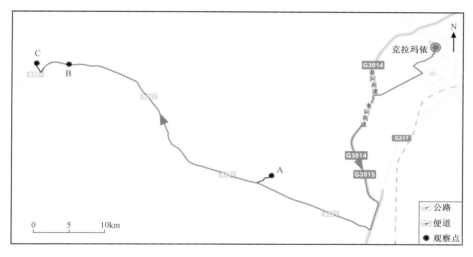

图 2-1　柳树沟路线交通图

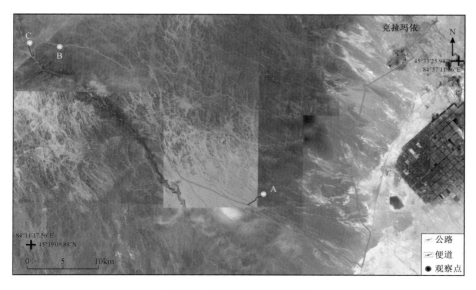

图 2-2　柳树沟路线卫星图

风化剥蚀所致。目前已有大量关于西北缘达尔布特断裂的研究,然而由于其构造活动具有多期性、复杂性,尚未就其形成机理和成因模式达成共识。

根据该区 1:20 万地质图可知,柳树沟路线地层以石炭系为主,包括包古图组和太勒古拉组;柳树沟内部主要覆盖第四系沉积物,仅在河流交汇处局部出露二叠系赤底组。该处二叠系北西和南东两侧边界均与石炭系呈高陡断层接触,断层倾角可达 70°～80°(图 2-3)。在柳树沟达尔布特断裂西北边界断层北侧 500m 处,出露长 500m、宽 100m 的蛇绿岩套;其南西盘石炭系中,发育两条与达尔布特断裂近平行的断层,并向北东方向汇聚合并为一条断层。

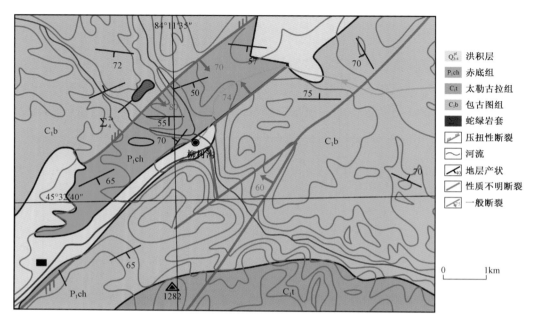

图 2-3　柳树沟路线地质图

二、典型露头构造解析

柳树沟路线野外勘察主要包括 3 个观察点,分别为 A、B、C;A 观察点为一处断层破碎带,B 观察点为一处走滑断层滑动破碎带典型构造露头,C 观察点为达尔布特走滑断裂柳树沟典型构造露头(图 2-1、图 2-2、图 2-3)。其中,C 观察点为柳树沟路线野外勘察的核心点位。

(一)F1 断层

柳树沟路线 A 观察点为一处断层破碎带(图 2-1、图 2-2),定名为 F1 断层。F1 断层断层结构特征明显,可见明显的滑动破碎带和诱导裂缝带。滑动破碎带中岩石破碎强烈,并可见透镜状断层岩、擦痕、镜面大量发育;诱导裂缝带中发育大量节理,且可见 X 型共轭剪节理。该点所观察到的擦痕以水平擦痕为主,且岩石经受强烈挤压作用,故可推断 F1 断层应为压扭性走滑断层(图 2-4)。

(二)F2 断层

柳树沟路线 B 观察点为一处断裂带典型构造露头(图 2-1、图 2-2),定名为 F2 断层。F2 断层断层结构特征明显,可见明显的滑动破碎带和诱导裂缝带。滑动破碎带中岩石破碎强烈,擦痕、镜面大量发育;诱导裂缝带中发育大量节理,且可见 X 型共轭剪节理。该点所观察到的擦痕以水平擦痕为主,且岩石经受强烈

相机GPS点：45°23′14.65″N, 84°36′30.42″E　拍摄对象GPS点：45°23′14.80″N, 84°36′27.96″E　镜头方位：300°

(a)F1断层远景

拍摄对象GPS点：45°23′20.40″N, 84°36′22.48″E

(b)断层破碎带

拍摄对象GPS点：45°23′14.27″N, 84°36′25.96″E

(c)断层破碎带

拍摄对象GPS点：45°23′14.27″N, 84°36′25.96″E

(d)透镜状断层岩

拍摄对象GPS点：45°23′18.84″N, 84°36′27.86″E

(e)X型共轭剪节理

拍摄对象GPS点：45°23′18.84″N, 84°36′27.86″E

(f)摩擦镜面

拍摄对象GPS点：45°23′20.40″N, 84°36′22.48″E

(g)镜面、擦痕

图 2-4　F1断层破碎带及野外构造特征解析

挤压作用,故可推断 F2 断层应为左旋压扭性走滑断层。

图 2-5 为达尔布特断裂分支断裂 F2 高分辨率照片、构造解析及其素描图。由于剖面方向与断层走向小角度相交,故露头观察现象主要为断层面特征及断裂带局部特征。达尔布特断裂分支断裂 F2 断面陡倾,近乎直立,产状多变,水平擦痕发育,表现出明显的走滑断层特征。该露头中断层擦痕方向杂乱多变,但主体为水平擦痕,根据主断面上水平擦痕方向,可推断该分支断层为左旋走滑断层。

相机GPS点:45°34′26.49″N,84°14′47.01″E;拍摄对象GPS点:45°34′25.95″N,84°14′47.14″E;镜头方位:185°

(a)分支断裂F2高分辨率照片

相机GPS点:45°34′26.49″N,84°14′47.01″E;拍摄对象GPS点:45°34′25.95″N,84°14′47.14″E;镜头方位:185°

(b)构造解析

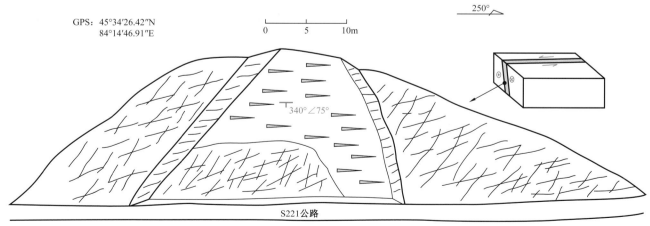

(c)素描图

图 2-5　S221 公路旁走滑断层及素描图

图 2-6 为达尔布特断裂分支断裂 F2 空间展布特征高分辨率照片、构造解析及素描图。图中可观察到 F2 断裂沿 230° 走向近直线延伸,与 1:20 万地质图中达尔布特断裂南东盘过 B 观察点断层相对应,与达尔布特断裂近平行排列,据 Sylvester 简单剪切走滑断层的构造平面几何关系,可推断 F2 走滑断层性质与达尔布特断裂相同,均为左旋走滑断层。

相机GPS点:45°34′27.37″N, 84°14′47.11″E;拍摄对象GPS点:45°34′25.37″N, 84°14′45.11″E;镜头方位:210°

(a)分支断裂F2空间展布特征高分辨率照片

相机GPS点:45°34′27.37″N, 84°14′47.11″E;拍摄对象GPS点:45°34′25.37″N, 84°14′45.11″E;镜头方位:210°

(b)构造解析

(c)素描图

图 2-6 S221 公路旁走滑断层及空间展布示意图

图 2-7 为达尔布特断裂分支断裂 F2 空间展布特征高分辨率照片及构造解析。根据图 2-5 和图 2-6 的露头观察及构造解析,结合 Sylvester 简单剪切走滑断层的构造平面几何关系分析,可判断分支断裂 F2 与达

265°⟋

相机GPS点：45°34′26.12″N，84°14′47.08″E；拍摄对象GPS点：45°34′26.01″N，84°14′47.36″E；镜头方位：175°

(a)F2断层面近景

320°⟋

相机GPS点：45°34′26.96″N，84°14′47.92″E；拍摄对象GPS点：45°34′25.37″N，84°14′45.11″E；镜头方位：230°

(b)F2断裂带远景

150°⟋

S221公路

相机GPS点：45°34′12.42″N，84°14′23.63″E；拍摄对象GPS点：45°34′13.43″N，84°14′28.81″E；镜头方位：60°

(c)F2断裂带空间展布构造解析

图2-7　F2断层面、断裂带及空间展布

尔布特断裂带的断层性质相同,均为左旋走滑断层。图 2-7c 中可观察到 F2 断裂沿北东—南西方向(走向 230°)近直线延伸,平面延伸距离可达数千米。F1 断层断裂带结构完整,可划分为滑动破碎带和诱导裂缝带(图 2-6、图 2-8),滑动破碎带岩石破碎严重,甚至出现岩石片理化现象,诱导裂缝带岩石破碎程度略低,但裂缝高度发育,并向远离滑动破碎带的方向密度降低。

(a)断层面及构造解析

(b)滑动破碎带及构造解析

图 2-8　F2 断层面及滑动破碎带

    F2断裂带沿S221公路出露的陡立断层面,北东—南西走向,断面倾角近乎直立,倾向不稳定,在断面上发育多处镜面、近水平断层擦痕和近直立的阶步(图2-8a);F2断裂构造露头局部出露的滑动破碎带,破碎带中岩石破碎严重,断层或节理发育,并在剖面中组成似花状构造,反映扭性应力背景(图2-8b)。

    F2断裂带断层面,断层面局部产状为306°∠68°,断层面发育大量断层擦痕,产状近水平,反映左旋走滑应力背景,发育的节理多被方解石脉充填,局部可观察到因断层发育而形成的纤维状方解石晶体(图2-9a);沿断面观察到滑动破碎带中有构造透镜体发育,在局部的小型断面上也可观察到水平的断层擦痕(图2-9)。

拍摄取对象GPS点:45°34′25.37″N,84°14′45.11″E

(a)断层面、擦痕及其构造解析

拍摄对象GPS点:45°34′25.77″N,84°14′46.88″E

(b)滑动破碎带、水平擦痕及其构造解析

图2-9　F2断层面、滑动破碎带及水平擦痕

图 2-10 中观察到 F2 分支断裂在多个露头中发育大量水平断层擦痕或倾斜断层擦痕,并在局部观察到垂向延伸的阶步,同时还观察到在局部露头中所发育的节理或小型断层在剖面中组合形成了小型花状构造。这些现象均反映了 F2 断裂发育于走滑应力环境中。

(a)圆柱状断面及水平断层擦痕

(b)小型花状构造及水平断层擦痕

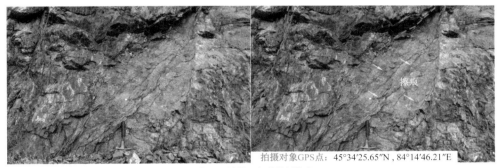

(c)构造透镜体及倾斜断层擦痕

(d)滑动破碎带、水平断层擦痕和阶步

图 2-10 F2 断裂带水平擦痕

图2-11中观察到F2分支断裂在多个露头的滑动破碎带和诱导裂缝带中均发育大量水平断层擦痕和倾斜断层擦痕,并在局部观察到垂向延伸的阶步,根据断层擦痕和阶步的组合形式,可推断露头中不同的断面两侧地层相对移动方向并不相同,特别是断层破碎带中,兼具左旋型和右旋型断层擦痕。

(a)右旋型水平断层擦痕及阶步

(b)左旋型水平断层擦痕及阶步

(c)滑动破碎带及倾斜断层擦痕

(d)诱导裂缝带和水平断层擦痕

图2-11 F2断裂带水平擦痕和倾斜断层擦痕

图 2-12 为 F2 分支断裂的两处滑动破碎带构造露头,露头中断层和节理高度发育,岩石经历了粉碎化破坏,难以识别原岩的岩性;图 2-12c 和图 2-12d 分别为 F2 断裂在剖面上和平面上的两处滑动破碎带,破碎带内部还发育有多个小型的构造透镜体,透镜体的长宽比在 4∶1 至 6∶1。

(a)滑动破碎带(观察点1)

(b)滑动破碎带(观察点2)

(c)滑动破碎带及构造透镜体(观察点1)

(d)滑动破碎带及构造透镜体(观察点2)

图 2-12 F2 断层滑动破碎带及其内部结构特征

图 2-13 中为断层角砾岩及旋扭石英脉典型构造露头。图 2-13a 为构造透镜体周缘发育的石英脉,应为构造透镜体发育之后富含硅质热液进入裂缝而形成,在后期构造变形过程中断裂并发生错位。图 2-13c 和图 2-13d 为断裂带中发育的石英脉,均为后期沿早期裂缝充填形成的石英脉。F2 断层沿 S221 公路旁有

(a)构造透镜体周缘石英脉

(b)断层角砾岩

(c)滑动破碎带中石英脉体

(d)剪切带及石英脉体

图 2-13　断层角砾岩及旋扭石英脉典型构造露头

一处延伸数十米的良好构造露头,露头中断裂带结构完整,可划分为明显的多个相互间隔的滑动破碎带和诱导裂缝带(图2-14)。滑动破碎带宽度在2~5m不等,岩石破碎严重,已无法识别原岩岩性和层理结构,甚至出现了少量岩石片理化现象;滑动破碎带两侧为诱导裂缝带,岩石破碎程度相比滑动破碎带略低,但裂缝高度发育,并向远离滑动破碎带的方向密度降低,部分裂缝有一定程度的石英脉充填。图中黄色圈点处采集岩石样品一件,岩石视密度为2.57g/cm³,有效孔隙度仅为3.0%。

诱导裂缝带　　　　　　　滑动破碎带　　　　　　　诱导裂缝带

相机GPS点:45°34′26.13″N84°14′47.38″E; 拍摄对象GPS点:45°34′26.54″N84°14′47.46″E;镜头方位:15°

图2-14　F2断层断裂带结构特征

　　图2-15为达尔布特断裂平面地质图及其南东、北西边界断层的高分辨率野外照片和相应的构造解析。根据野外观察,达尔布特断裂呈北东—南西向展布,断裂带宽度沿其走向数百米至2km不等。断裂带内岩石破碎,节理发育,石英脉和方解石脉大量发育。

　　图2-16为达尔布特断裂柳树沟的两处典型构造剖面,展示了两组大型的滑动破碎带。剖面中发育了大量断层和节理,断层倾向和倾角不稳定,但在剖面中组成了花状构造,反映走滑应力背景。露头中岩石经历强烈挤压而破碎严重,无法识别原岩的层理等特征,故无法判断露头中为正花状构造或负花状构造,但可根据岩石破碎程度判断该区是在强烈的压扭性应力背景下发生构造变形的。

　　图2-17为达尔布特断裂柳树沟剖面北西侧边界二叠系中发育断层的断裂结构特征。图2-17a为一处小型断层的露头,沿断层带可见少量泥质充填,在该小断层左侧的断层面上可见走向为175°的近水平擦痕,指示该断层以走滑断层为主;图2-17b为一处被泥质充填的断裂带典型露头,断裂带中泥质充填的宽度在20~50cm不等,两侧裂缝或小断层大量发育并相互交织呈网状。

　　图2-18为达尔布特断裂柳树沟剖面北西侧边界二叠系的宏观特征。由图2-18a可知二叠系沿着达尔布特断裂带形成的沟谷沿北东—南西方向分布,并在垂直于走向的方向上被达尔布特断裂的北西和南东边界断层限定;在二叠系北西边界附近,观察到大量二叠系典型剖面(图2-18b、图2-18d),从宏观上观察,主要为黄褐色砾岩,砾石分选度很差,磨圆度也较差。二叠系中发育大量剪切带和节理,剪切带内部岩石破碎严重,并有泥质充填的现象。

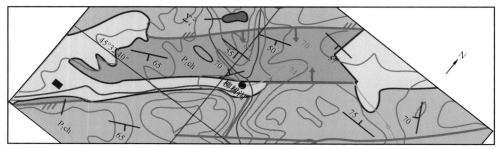

(a)柳树沟地质图

(b)南东边界断层

相机GPS点：45°33′43.41″N, 84°11′31.70″E；拍摄对象GPS点：45°33′43.72″N, 84°11′36.22″E；镜头方位：90°

(c)构造解析

(d)北西边界断层

相机GPS点：45°34′33.77″N, 84°10′57.28″E；拍摄对象GPS点：45°34′32.11″N, 84°10′48.36″E；镜头方位：255°

(e)构造解析

图2-15　达尔布特断裂平面地质图及其南东、北西边界断层高分辨率照片与构造解析

(a)滑动破碎带及花状构造

滑动破碎带及花状构造

相机GPS点：45°33′43.21″N, 84°11′35.43″E；
拍摄对象GPS点：45°33′42.96″N , 84°11′35.79″E；
镜头方位：145°

(b)构造解析

(c)大型滑动破碎带

滑动破碎带

相机GPS点：45°33′44.09″N, 84°11′35.89″E；
拍摄对象GPS点：45°33′44.12″N , 84°11′36.39″E；
镜头方位：90°

(d)构造解析

图2-16 达尔布特断裂柳树沟剖面典型露头

拍摄对象GPS点：45°34′35.75″N，84°11′01.00″E；镜头方位：310°

(a)断层擦痕

拍摄对象GPS点：45°34′35.50″N，84°11′09.99″E；镜头方位：55°

(b)泥质充填

图2-17　达尔布特断裂柳树沟断裂带结构特征

　　图2-19为达尔布特断裂柳树沟剖面北西侧边界二叠系中观察到的构造变形现象。图2-19a为一处二叠系中剪切带典型露头，剪切带内部岩石破碎严重，剪切带周围岩石中同时发育大量裂缝；图2-19b为二叠系小型断层带中的擦痕；图2-19c为地层的弯曲变形，并且在平面上呈现牵引构造，与达尔布特断裂左旋压扭应力场相关（图2-19d）。

(a)柳树沟二叠系平面分布范围

相机GPS点：45°34′35.21″N，84°11′07.61″E；拍摄对象GPS点：45°34′35.31″N，84°11′08.71″E；镜头方位：115°

(b)柳树沟二叠系典型露头

拍摄对象GPS点：45°34′33.74″N，84°11′01.99″E；
镜头方位：140°

(c)柳树沟二叠系典型露头

拍摄对象GPS点：45°34′37.35″N，84°11′09.55″E；
镜头方位：115°

(d)柳树沟二叠系典型露头

图2-18　达尔布特断裂柳树沟剖面北西侧边界二叠系宏观特征

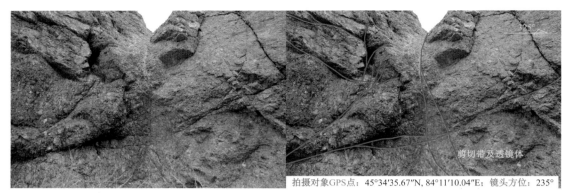

拍摄对象GPS点：45°34′35.67″N，84°11′10.04″E；镜头方位：235°

(a)剪切带及透镜体

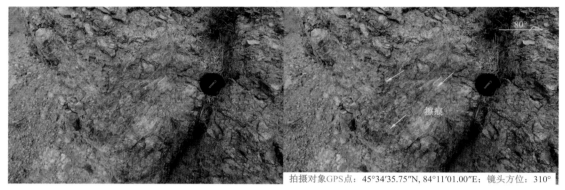

拍摄对象GPS点：45°34′35.75″N，84°11′01.00″E；镜头方位：310°

(b)断层擦痕

拍摄对象GPS点：45°34′39.00″N，84°11′10.18″E；镜头方位：75°

(c)地层的弯曲变形

相机GPS点：45°34′38.75″N，84°11′10.78″E；拍摄对象GPS点：45°34′38.96″N，84°11′10.61″E；镜头方位：345°

(d)牵引构造

图2-19　达尔布特断裂柳树沟剖面北西侧边界二叠系构造变形特征

图 2-20 为达尔布特断裂柳树沟剖面北西侧边界二叠系中观察到的沉积旋回现象。在该露头中,地层南西倾向,倾角约 80°,根据沉积物粒度变化规律,在剖面中观察到多套沉积旋回,反映了水动力的周期性变化。

(a)典型露头高分辨率照片

相机GPS点: 45°34′33.78″N, 84°11′01.37″E;
拍摄对象GPS点: 45°34′33.74″N 84°11′01.99″E;
镜头方位: 95°

(b)构造解析

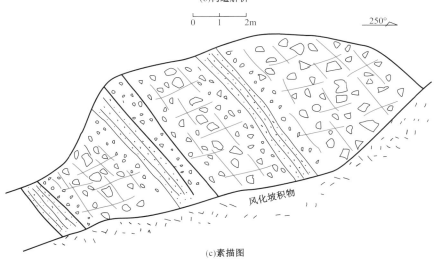

风化坡积物

(c)素描图

图 2-20 达尔布特断裂柳树沟剖面北西侧边界二叠系沉积旋回

图 2-21 为达尔布特断裂柳树沟剖面北西侧边界二叠系中观察到的变形构造——牵引构造。该露头平面上与达尔布特断裂北西边界断层近平行排列,二叠系中相对坚硬的岩层抗风化能力较强而凸出地表,顺岩层走向被达尔布特断裂北西边界断层截切并发生逆时针方向的弯曲,与断层对盘的运动方向相同。故此推断,二叠系岩层受达尔布特断裂左旋压扭应力场影响而形成牵引构造。

(a)典型构造露头高分辨率照片

相机GPS点:45°34′38.58″N, 84°11′09.89″E;
拍摄对象GPS点:45°34′39.00″N, 84°11′10.18″E;镜头方位:35°

(b)构造解析

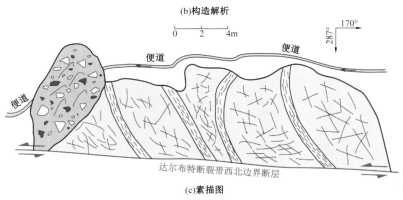

(c)素描图

图 2-21 达尔布特断裂柳树沟剖面北西侧边界二叠系牵引构造

在图 2-21 构造露头附近采集到砾岩中所夹泥岩样品 5 块,通过古生物分析鉴定未发现大孢子化石、轮藻化石和介形类化石,其中 Gu001、Gu002 和 Gu003 3 块样品中发现了孢粉化石(表 2-1、表 2-2、表 2-3)。据孢粉分析鉴定,所见化石中裸子植物花粉占 73.7%～80.0%,蕨类植物孢子占 20.0%～26.3%。蕨类植物孢子中常见光面孢子 *Punctatisporites*、*Calamospora*、瘤面孢子 *Raistrickia* 和刺面孢子 *Apiculatisporis*。个别出现 *Kraeuselisporites*。3 块样品中裸子植物花粉优势分子是具肋双气囊花粉,多见 *Protohaploxypinus*、*Striatoabieites*、*Hamiapollenites*、*Vittatina*。位居其次的是单囊花粉 *Cordaitina*、*Florinites*、*Samoilovitchisaccites*、*Potonieisporites*;单沟花粉 *Cycadopites* 有一定数量的出现。经常出现无肋双气囊花粉 *Pityosporites*、*Gardenasporites*、*Crucisaccites*。

表 2-1　古生物样品采集信息

取样编号	取样路线	取样时间	取样 GPS 点	
			纬度(N)	经度(E)
Gu001	柳树沟路线	09/06/2015	45°34′35.50″	84°11′09.99″
Gu002	柳树沟路线	09/06/2015	45°34′35.50″	84°11′09.99″
Gu003	柳树沟路线	05/05/2014	45°34′30.36″	84°11′11.72″
Gu004	柳树沟路线	25/08/2014	45°34′38.80″	84°11′10.70″
Gu005	柳树沟路线	25/08/2014	45°34′39.10″	84°11′11.80″

表 2-2　古生物种类及含量(孢粉分析)

化石名称	Gu001	Gu002	化石名称	Gu001	Gu002
Leiotriletes spp. 光面三缝孢(未定种)	5.3		*Retusotriletes* sp. 弓脊孢(未定种)	1.3	
Calamospora spp. 芦木孢(未定种)	4.0	1	*Punctatisporites* spp. 圆形光面孢(未定种)	4.0	1
Apiculatisporis spp. 刺面圆形孢(未定种)	2.6		*Raistrickia* spp. 叉瘤孢(未定种)	4.0	
Kraeuselisporites spp. 稀饰环孢(未定种)	2.6		*Pityosporites* spp. 松型粉(未定种)	2.6	1
Crucisaccites spp. 十字单囊粉(未定种)	1.3	1	*Gardenasporites* spp. 假二肋粉(未定种)	2.6	1
Protohaploxypinus spp. 单束多肋粉(未定种)	18.4	5	*Striatoabieites* spp. 冷杉多肋粉(未定种)	14.5	3

表 2-3　古生物种类及含量(孢粉分析)

化石名称	Gu003	化石名称	Gu003
Leiotriletes spp. 光面三缝孢(未定种)	3.8	*Lycopodiacidites* spp. 拟石松孢(未定种)	2.5
Deltoidospora spp. 三角孢(未定种)	2.5	*Asseretospora* spp. 阿塞尔孢(未定种)	2.5
Calamospora spp. 芦木孢(未定种)	6.3	*Densosporites* spp. 套环孢(未定种)	2.5
Punctatisporites spp. 圆形光面孢(未定种)	5.0	*Aratrisporites* spp. 犁形孢(未定种)	2.5
Retusotriletes spp. 弓脊孢(未定种)	2.5	*Alisporites* spp. 阿里粉(未定种)	12.5
Concavisporites spp. 凹边孢(未定种)	2.5	*Pinuspollenites* spp. 双束松粉(未定种)	10.0
Cyclogranisporites spp. 粒面圆形孢(未定种)	3.8	*Podocarpidites* spp. 罗汉松粉(未定种)	6.3

化石名称	Gu003	化石名称	Gu003
Granulatisporites spp. 粒面三角孢（未定种）	2.5	*Protoconiferus* spp. 原始松柏粉（未定种）	10.0
Apiculatisporis spp. 刺面圆形孢（未定种）	2.5	*Psophosphera* spp. 皱球粉（未定种）	2.5
Acanthotriletes spp. 刺面三角孢（未定种）	2.5	*Cycadopites* spp. 苏铁粉（未定种）	3.8
Verrucosisporites spp. 圆形块瘤孢（未定种）	2.5	*Chasmatosporites* spp. 宽口粉（未定种）	1.3
Raistrickia spp. 叉瘤孢（未定种）	2.5		

综上所述，采集样品中所见化石以蕨类植物孢子 *Calamospora* 发育，裸子植物花粉单气囊花粉、具肋花粉大量出现为主要特征，与西北缘下乌尔禾组孢粉组合有一定相似性，将该地层的时代归为中二叠世，对应的层位相当于下乌尔禾组。

达尔布特断裂带在阿克巴斯套岩体北东侧有一段弧形弯曲，并且在柳树沟至阿克巴斯套岩体一段有北东走向带状分布的紫红色砂砾岩，砾石磨圆一般，分选较差，砾石成分以石炭系火成岩为主。孢粉分析鉴定显示化石以裸子植物花粉占优势，具肋双气囊 *Protohaploxypinus*，单囊 *Cordaitina* 有一定数量，单沟花粉比较发育为特征，与乌尔禾下亚组孢粉组合特征类似，故该含化石的样品的时代是中二叠世晚期，对应层位是下乌尔禾组。该岩体边界被北东向断层分隔，证明中晚二叠世断裂在活动并控制着沉积作用。晚二叠世准噶尔盆地西北缘主应力方向为北西西—南东东方向（70°NW）（肖芳锋等，2010；王延欣等，2011），具有发育左行走滑断裂的应力条件。以此推断，达尔布特断裂形成于中二叠世，并发生右旋走滑，在阿克巴斯套岩体南东侧形成小型的狭窄的拉分盆地，沉积了中二叠世地层；三叠纪开始达尔布特断裂转变为左旋走滑，断裂带内二叠纪地层遭受强烈挤压，产状变陡；三叠纪至今遭受长期的风化剥蚀，现今只在断裂带内局部残余（图2-22、图2-23）。

达尔布特断裂柳树沟典型构造剖面的野外勘察共观察到13个大型滑动破碎带和7个小型滑动破碎带，其滑动破碎带岩石破碎程度远高于A、B观察点的分支断层F1、F2，且水平擦痕大量发育；诱导裂缝带发育高密度剪节理，并被后期热液充填形成石英脉。多个滑动破碎带的发育和石英脉体之间复杂的交切关系反映了达尔布特断裂具有多期活动的特点。

图2-24为达尔布特断裂柳树沟路线观察到的第1条小型滑动破碎带（图2-24a）及其附近发育的方解石脉（图2-24b、图2-24d）。该滑动破碎带为北东走向，岩石经强烈挤压而破碎严重，已无法直接辨识其原岩岩性；破碎带内发育大量白色脉体，经硬度及解理分析明确为方解石脉；大量方解石脉的发育，使得早期断层活动时形成的构造裂缝被充填并胶结，大幅降低了滑动破碎带的孔隙度，可对流体运移产生较大的影响。

图2-24b、图2-24c分别展示了第1条小型滑动破碎带内的网状方解石脉、脉体相互交切和脉体切割的现象，反映了该破碎带内方解石脉体具有多期次的发育特点。柳树沟路线主要观察对象为达尔布特断裂及其分支断裂。

图2-25精细刻画了第1条小型滑动破碎带中典型方解石脉露头、构造解析及素描图。从图中观察可知，露头中发育多组构造裂缝并在后期被方解石脉充填胶结，脉体宽度1～5cm不等。在露头顶部的方解石脉体内部可观察到大量角砾岩，分选差、磨圆差，应为方解石脉充填之前形成的断层角砾岩。

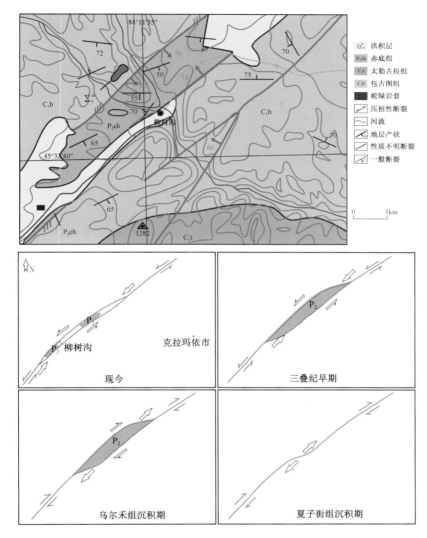

图 2-22 达尔布特断裂带内二叠系发育历史

(a)典型露头高分辨率照片

(b)构造解析

图 2-23 达尔布特主断裂带结构特征

相机GPS点：45°33′52.04″N，84°11′35.30″E；
拍摄对象GPS点：45°33′52.04″N，84°11′35.30″E；
镜头方位：105°

(a)第1条小型滑动破碎带

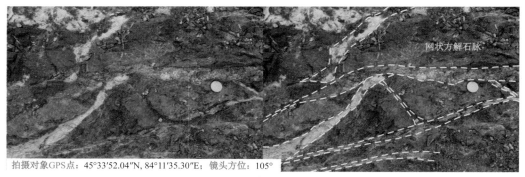

拍摄对象GPS点：45°33′52.04″N，84°11′35.30″E；镜头方位：105°

(b)方解石脉

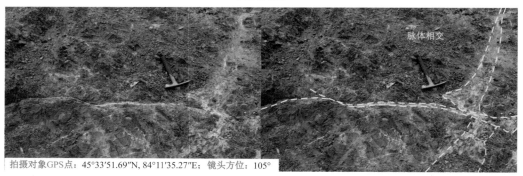

拍摄对象GPS点：45°33′51.69″N，84°11′35.27″E；镜头方位：105°

(c)脉体相交

拍摄对象GPS点：45°33′51.69″N，84°11′35.27″E；镜头方位：105°

(d)脉体切割

图2-24　第1条小型滑动破碎带及其附近发育的方解石脉

相机GPS点：45°33′51.57″N, 84°11′35.38″E；
拍摄对象GPS点：45°33′51.57″N, 84°11′35.38″E；
镜头方位：95°

(a)典型露头高分辨率照片

相机GPS点：45°33′51.57″N, 84°11′35.38″E；
拍摄对象GPS点：45°33′51.57″N, 84°11′35.38″E；
镜头方位：95°

(b)构造解析

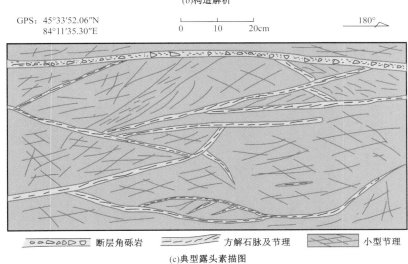

GPS：45°33′52.06″N
　　　84°11′35.30″E

0　10　20cm

180°

断层角砾岩　　方解石脉及节理　　小型节理

(c)典型露头素描图

图2-25　第1条小型滑动破碎带中典型方解石脉露头、构造解析及素描图

　　该露头中可观察到多种脉体间相互关系,主要有:(1)脉体被限制;(2)脉体被切割;(3)脉体间相互交切。被限制的脉体形成时间晚于限制脉体;被切割的脉体形成时间早于切割脉体;相互交切的脉体形成时间应大致相同。

　　图2-26为达尔布特断裂柳树沟剖面发育的第1条大型滑动破碎带及其内部构造几何学特征。如图2-26a所示,第1条大型滑动破碎带为北东—南西走向,滑动破碎带平面出露宽度最大可达4m,内部岩石经强烈压扭作用而破碎严重,被后期热液充填而形成大量方解石脉;图2-26b为破碎带中两期节理相互切割的现象,反映节理发育具有多期次的特点;图2-26c和图2-26d为两处典型的构造透镜体。

(a)柳树沟剖面第1条大型滑动破碎带

(b)两期节理相互切割

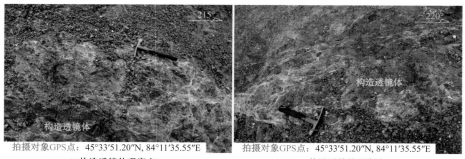

(c)构造透镜体观察点1　　　　　　　　　　　(d)构造透镜体观察点2

图2-26　第1条大型滑动破碎带及其内部构造几何学特征

图 2-27 为达尔布特断裂柳树沟剖面发育的第 2 条小型滑动破碎带及其内部构造特征。破碎带中发育大量节理和方解石脉体，且具有复杂的切割关系，指示该处断层活动和脉体发育具有多期次的特点。该露头中脉体主要为断层或节理发育，脉体平直、延伸较远，脉体宽度 2～20cm 不等。

拍摄对象GPS点：45°33′51.20″N, 84°11′35.26″E 拍摄对象GPS点：45°33′51.08″N, 84°11′35.34″E 拍摄对象GPS点：45°33′51.08″N, 84°11′35.34″E

拍摄对象GPS点：45°33′51.20″N, 84°11′35.26″E 拍摄对象GPS点：45°33′51.08″N, 84°11′35.34″E 拍摄对象GPS点：45°33′51.08″N, 84°11′35.34″E

(a)节理及脉体的切割关系　　　(b)柳树沟剖面第2条小型滑动破碎带　　　(c)沿破碎带发育的大型方解石脉体

图 2-27　第 2 条小型滑动破碎带内及其内部构造特征

　　图 2-28 为达尔布特断裂柳树沟剖面发育的第 2 条大型滑动破碎带及其内部构造几何学特征。如图 2-28a 所示,第 2 条大型滑动破碎带为北东—南西走向,滑动破碎带平面出露宽度最大可达 3.5m,内部岩石经强烈压扭作用而破碎严重,被后期热液充填而形成大量方解石脉。图 2-28b 为方解石脉体间的切割与限制现象,表明这两组节理为同期发育;图 2-28c 为典型的 X 型共轭剪节理;图 2-28d 为方解石脉体内部的小型构造透镜体,为热液沿着断裂带充填所致;图 2-28e 为两条方解石脉体间夹持的透镜状夹块 (图 2-29)。

相机GPS点： 45°33′50.76″N, 84°11′36.57″E;
拍摄对象GPS点： 45°33′50.70″N, 84°11′36.48″E;
镜头方位： 165°

(a)第2条大型滑动破碎带

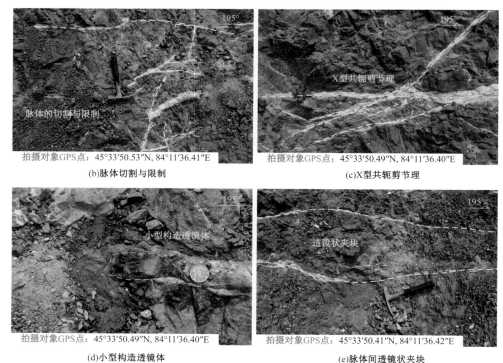

拍摄对象GPS点： 45°33′50.53″N, 84°11′36.41″E

(b)脉体切割与限制

拍摄对象GPS点： 45°33′50.49″N, 84°11′36.40″E

(c)X型共轭剪节理

拍摄对象GPS点： 45°33′50.49″N, 84°11′36.40″E

(d)小型构造透镜体

拍摄对象GPS点： 45°33′50.41″N, 84°11′36.42″E

(e)脉体间透镜状夹块

图 2-28　第 2 条大型滑动破碎带及其内部构造几何学特征

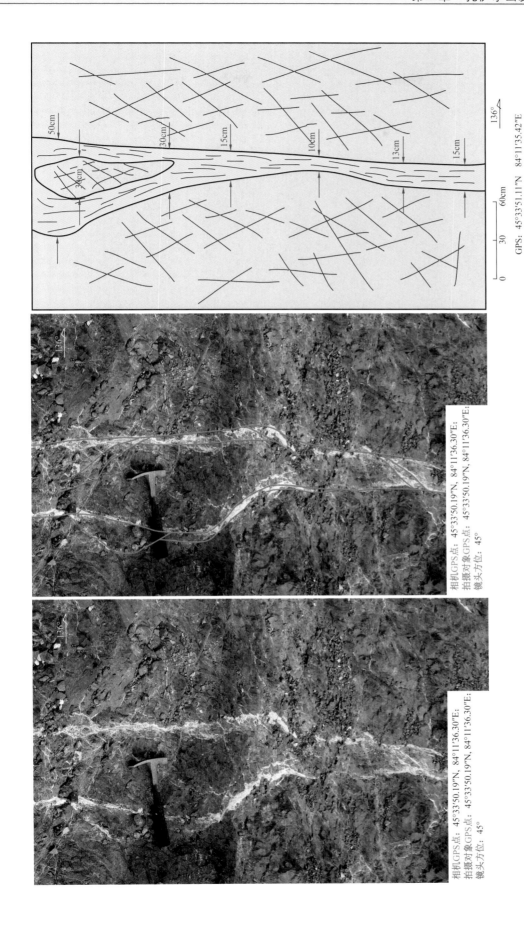

(c)素描图

GPS: 45°33′51.11″N 84°11′35.42″E

(b)构造解析

相机GPS点：45°33′50.19″N，84°11′36.30″E；
拍摄对象GPS点：45°33′50.19″N，84°11′36.30″E；
镜头方位：45°

(a)典型露头高分辨率照片

相机GPS点：45°33′50.19″N，84°11′36.30″E；
拍摄对象GPS点：45°33′50.19″N，84°11′36.30″E；
镜头方位：45°

图2-29 大型方解石脉高分辨率照片、构造解析及素描图

　　图 2-30 为达尔布特断裂柳树沟剖面发育的第 3 条小型滑动破碎带及其内部构造几何学特征。如图 2-30a 所示，第 3 条小型滑动破碎带为北东—南西走向，滑动破碎带平面出露宽度最大可达 0.7m，内部岩石经强烈压扭作用而破碎严重；图 2-30b 为破碎带中脉体的雁列状分布；图 2-30c 为方解石脉体切割现象，反映节理发育具有多期次的特点；图 2-30d 为该破碎带中的一条剪切带，沿垂直于方解石脉体的方向将该脉体错断约 0.5m，指示左旋的应力背景。

拍摄对象GPS点：45°33′50.21″N, 84°11′36.56″E

(a)柳树沟剖面第3条小型滑动破碎带

拍摄对象GPS点：45°33′50.21″N, 84°11′36.56″E

(b)雁列状脉体

拍摄对象GPS点：45°33′49.98″N, 84°11′36.51″E

(c)脉体切割

拍摄对象GPS点：45°33′50.21″N, 84°11′36.56″E

(d)剪切带

图 2-30　第 3 条小型滑动破碎带及其内部构造几何学特征

　　图 2-31 为达尔布特断裂柳树沟剖面发育的第 4 条小型滑动破碎带及其内部构造几何学特征。如图 2-31a 所示，第 4 条小型滑动破碎带为北东—南西走向，滑动破碎带平面出露宽度最大可达 2.5m，内部岩石经强烈压扭作用而破碎严重，被后期热液充填而形成大量方解石脉；图 2-31b 为破碎带内剪节理的分叉或汇合现象；图 2-31c 为破碎带中两期节理相互切割的现象，反映节理发育具有多期次的特点；图 2-31d 为破碎带中局部出露的断层擦痕。

(a)柳树沟剖面第4条大型滑动破碎带

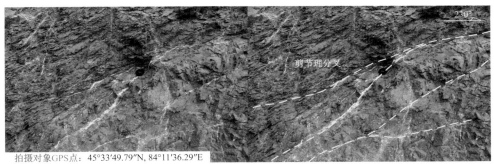

(b)剪节理分叉

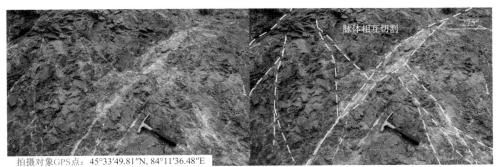

(c)脉体相互切割

(d)断层擦痕

图 2-31　第 4 条小型滑动破碎带及其内部构造几何学特征

图 2-32 为达尔布特断裂柳树沟剖面发育的第 3 条大型滑动破碎带及其内部构造几何学特征。第 3 条大型滑动破碎带为北东—南西走向,滑动破碎带平面出露宽度最大可达 3.5m,内部岩石经强烈压扭作用而破碎严重;滑动破碎带两侧为诱导裂缝带,发育大量节理或小型断层,且被后期热液充填而形成大量方解石脉。

相机GPS点: 45°33′48.05″N, 84°11′36.30″E;
拍摄对象GPS点: 45°33′48.05″N, 84°11′36.30″E;
镜头方位: 40°

(a)典型露头高分辨率照片

相机GPS点: 45°33′48.05″N, 84°11′36.30″E;
拍摄对象GPS点: 45°33′48.05″N, 84°11′36.30″E;
镜头方位: 40°

(b)构造解析

图 2-32 第 3 条大型滑动破碎带及其内部构造几何学特征

图 2-33 为达尔布特断裂柳树沟剖面发育的第 4 条大型滑动破碎带内部构造几何学特征。图 2-33a 为局部出露的断层面上发育的断层擦痕,方向近水平;图 2-33 b 为滑动破碎带中脉体被切割的现象;图 2-33c

为一典型的 X 型共轭剪节理，反映了压扭性的应力背景；图 2-33d 为诱导裂缝带中观察到的一处构造透镜体，长宽比约为 5∶1；图 2-33e 为断面上发育的断层擦痕，可判断该断层局部为左旋的运动方式；图 2-33f 亦为 X 型共轭剪节理。

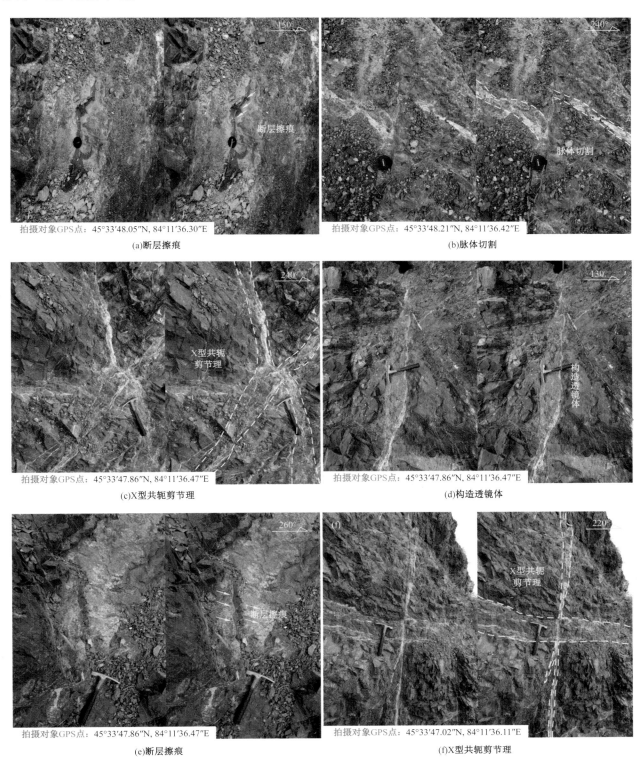

图 2-33　第 5 条小型滑动破碎带及其内部构造几何学特征

图 2-34 为达尔布特断裂柳树沟剖面发育的第 5 条小型滑动破碎带及其内部构造几何学特征。如图 2-34a 所示，第 5 条小型滑动破碎带为北东—南西走向，滑动破碎带平面出露宽度最大可达 4m，内部岩石经强烈压扭作用而破碎严重；两侧诱导裂缝带中节理发育，并被后期热液充填而形成大量方解石脉。图 2-34b 为破碎带露头局部的精细构造解析，节理间的复杂交切关系指示了断层活动的多期性。

相机GPS点：45°33′48.76″N, 84°11′36.43″E；
拍摄对象GPS点：45°33′48.78″N, 84°11′36.54″E；
镜头方位：25°

(a)第5条小型滑动破碎带

拍摄对象GPS点：45°33′48.78″N, 84°11′36.54″E；镜头方位：25°

(b)局部露头精细构造解析

图 2-34　第 5 条小型滑动破碎带及其内部构造几何学特征

图 2-35 为达尔布特断裂柳树沟剖面发育的第 4 条大型滑动破碎带及其内部构造几何学特征。如图 2-35a 所示，第 4 条大型滑动破碎带为北东—南西走向，滑动破碎带平面出露宽度最大可达 2.3m，内部岩石经强烈压扭作用而破碎严重，后期热液沿裂缝充填而形成大量方解石脉。图 2-35b 为该露头局部精细构造解析，脉体大量发育，宽度最大可达 15cm，脉体间展示出复杂的相互交切关系，并有明显的分叉或汇合现象，反映节理发育具有多期次的特点。

(a)第4条大型滑动破碎带

(b)局部露头精细构造解析

图 2-35   第 4 条大型滑动破碎带及其内部构造特征

图2-36为第4条大型滑动破碎带内部发育的两组较大规模的共轭节理组的高分辨率野外露头照片(图2-36a)、构造解析(图2-36b)和素描图(图2-36c)。该构造露头为水平出露的平面。两个节理组均由网状分布的节理组合而成,节理组内部被大量的石英脉充填。

两个节理组宽度不均匀,近南北向节理组宽度为5~48cm不等,而近东西向的节理组宽度为7~30cm。根据每个节理组内部脉体之间的交切关系,可推断南北向节理组为左旋性质,而东西向节理组为右旋性质,两个节理组组合形成了共轭节理组。近南北向节理组与达尔布特断裂近平行而旋向相同,近东西向节理组与达尔布特断裂大角度相交而旋向相反,这与节理组内部观察特征相吻合。

相机GPS点：45°33′47.02″N, 84°11′36.11″E;
拍摄对象GPS点：45°33′47.02″N 84°11′36.11″E; 镜头方位：125°

(a)典型露头高分辨率照片   (b)构造解析

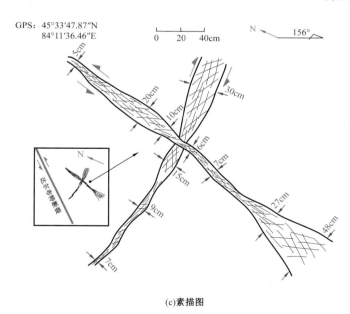

(c)素描图

图2-36　滑动破碎带、脉体、断层及其交切关系图

图2-37为达尔布特断裂柳树沟剖面发育的第5条与第6条大型滑动破碎带及其内部构造几何学特征。如图2-37a所示,第5条大型滑动破碎带为北东—南西走向,滑动破碎带平面出露宽度最大可达2.5m,内部

岩石经强烈压扭作用而破碎严重；如图 2-37b 所示，第 6 条大型滑动破碎带为北西—南东走向，滑动破碎带平面出露宽度可达 4m，内部岩石破碎严重；图 2-37c、图 2-37d 为第 6 条滑动破碎带露头及局部精细构造解析，根据灰绿色标志层的位错方向和距离，可知该断裂带视断距约为 1.2m，为右旋走滑断层。

相机GPS点：45°33′46.49″N，84°11′36.42″E；拍摄对象GPS点：45°33′46.49″N，84°11′36.42″E；镜头方位：24°

(a)第5条大型滑动破碎带

相机GPS点：45°33′46.14″N，84°11′37.09″E；拍摄对象GPS点：45°33′46.19″N，84°11′36.22″E；镜头方位：50°

(b)第6条大型滑动破碎带

相机GPS点：45°33′46.25″N，84°11′37.41″E；拍摄对象GPS点：45°33′46.25″N，84°11′37.41″E；镜头方位：140°

(c)第6条大型滑动破碎带局部露头及精细构造解析

相机GPS点：45°33′46.22″N，84°11′37.61″E；拍摄对象GPS点：45°33′46.22″N，84°11′37.61″E；镜头方位：30°

(d)第6条大型滑动破碎带局部露头及精细构造解析

图 2-37　第 5 条与第 6 条大型滑动破碎带及其内部构造几何学特征

图 2-38 为达尔布特断裂柳树沟剖面发育的第 4 条、第 5 条与第 6 条大型滑动破碎带及其内部构造几何学特征。3 条大型滑动破碎带均为北东—南西走向，但其倾向、倾角不均一。其中，第 4 条和第 5 条大型滑动破碎带为南东倾向，而第 6 条大型滑动破碎带为北西倾向。3 条大型滑动破碎带在剖面上组合形成一个大型的花状构造，为走滑应力背景下的产物。

相机GPS点：45°33′45.67″N, 84°11′36.02″E；拍摄对象GPS点：45°33′46.19″N, 84°11′37.22″E；镜头方位：40°

(a)典型露头高分辨率照片

相机GPS点：45°33′45.67″N, 84°11′36.02″E；拍摄对象GPS点：45°33′46.19″N, 84°11′37.22″E；镜头方位：40°

(b)构造解析

图 2-38　第 4 条、第 5 条与第 6 条大型滑动破碎带及其内部构造几何学特征

图 2-39 为达尔布特断裂柳树沟剖面发育的第 7 条大型滑动破碎带及其内部构造几何学特征。如图 2-39a 所示，第 7 条大型滑动破碎带为近东西走向，滑动破碎带平面出露宽度最大可达 3m，内部岩石经强烈压扭作用而破碎严重；图 2-39b 为第 7 条大型滑动破碎带露头及局部精细构造解析，小型断层或节理在剖面上组合形成花状构造；图 2-39c、图 2-39d 展示了断层面上发育的水平擦痕及少量小阶步。

图 2-40 为达尔布特断裂柳树沟剖面发育的第 6 条小型滑动破碎带和第 8 条大型滑动破碎带及其内部构造几何学特征。如图 2-40a 所示，第 6 条小型滑动破碎带为北东—南西走向，滑动破碎带平面出露宽度最大可达 1.2m，内部岩石经强烈压扭作用而破碎严重；图 2-40b 展示了第 8 条大型滑动破碎带为近南北走

相机GPS点：45°33′44.16″N, 84°11′35.94″E；拍摄对象GPS点：45°33′44.21″N, 84°11′36.04″E；镜头方位：80°

(a)第7条大型滑动破碎带及构造解析

相机GPS点：45°33′44.25″N, 84°11′36.12″E；拍摄对象GPS点：45°33′44.21″N, 84°11′36.32″E；镜头方位：80°

(b)第7条大型滑动破碎带局部露头及构造解析

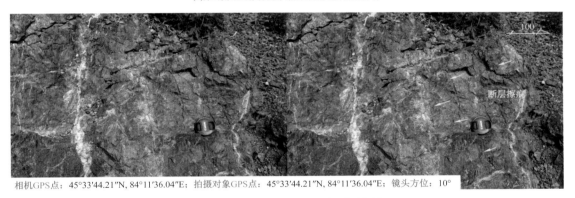

相机GPS点：45°33′44.21″N, 84°11′36.04″E；拍摄对象GPS点：45°33′44.21″N, 84°11′36.04″E；镜头方位：10°

(c)第7条大型滑动破碎带局部露头及构造解析

相机GPS点：45°33′43.39″N, 84°11′36.06″E；拍摄对象GPS点：45°33′43.39″N, 84°11′36.06″E；镜头方位：170°

(d)第7条大型滑动破碎带局部露头及构造解析

图 2-39 第 7 条滑动破碎带及其内部构造几何学特征

相机GPS点：45°33′43.98″N, 84°11′36.16″E；拍摄对象GPS点：45°33′43.98″N, 84°11′36.16″E；镜头方位：40°

(a)第6条小型滑动破碎带及构造解析

相机GPS点：45°33′43.03″N, 84°11′35.89″E；对象GPS点：45°33′43.03″N, 84°11′35.89″E；镜头方位：90°

(b)第8条大型滑动破碎带及构造解析

图2-40　第6条小型滑动破碎带及第8条大型滑动破碎带结构特征及其内部构造特征

向,带宽3～5m,内部岩石破碎严重,滑动破碎带内部发育大量节理,节理之间交切关系复杂,沿节理发育大量石英脉(图2-41)。

　　图2-42为达尔布特断裂柳树沟剖面发育的第13条大型滑动破碎带。该剖面为北东—南西走向,在剖面底部有河流经过。剖面中发育大量断层或节理,断层带走向为近东西向。剖面中央部位发育的断层较陡,

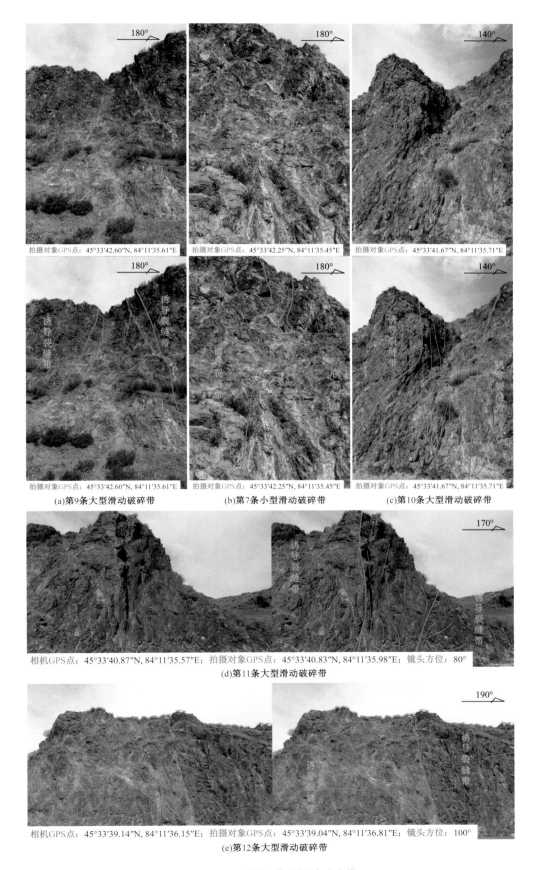

(a)第9条大型滑动破碎带　　(b)第7条小型滑动破碎带　　(c)第10条大型滑动破碎带

(d)第11条大型滑动破碎带

(e)第12条大型滑动破碎带

图2-41　不同规模的滑动破碎带

相机GPS点：45°33′37.89″N, 84°11′35.15″E；拍摄对象GPS点：45°33′37.42″N 84°11′36.89″E；镜头方位：110°

(a)典型露头高分辨率照片

相机GPS点：45°33′37.89″N, 84°11′35.15″E；拍摄对象GPS点：45°33′37.42″N 84°11′36.89″E；镜头方位：110°

(b)构造解析

GPS：45°33′37.75″N
84°11′35.37″E

0　10　20m

碎石滩

河流

(c)素描图

图2-42　第13条大型滑动破碎带(花状构造)

而两端的断层相对较缓,且向剖面中部缓倾。故此,该露头中所发育的断层宏观上组成了花状的形态,符合走滑断层的几何学特征。

综合达尔布特断裂在柳树沟路线观察到的13条大型滑动破碎带和7条小型滑动破碎带,带内岩石均在强烈的压扭作用下破碎严重,两侧的诱导裂缝带中大量发育剪节理,且在局部出露的断层面上发育有以水平方向为主的断层擦痕。在断裂带中,也观察到了大量脉体间的相互交切现象和脉体的左列、右列排布,指示该路线所勘察的野外露头中断层的发育具有多期次、受达尔布特断裂控制的特点。

三、柳树沟露头区综合认识

柳树沟露头主要观察对象为达尔布特断裂及其分支断裂。

达尔布特断裂带在地貌上有明显的断层陡坎,断裂带已被侵蚀为一条深谷,其分支断裂断面近直立,水平擦痕发育,延伸较远,具有明显的走滑特征。达尔布特断裂柳树沟段共发育13条大型滑动破碎带和7条小型滑动破碎带,并且被白色的硅质物所充填,反映了达尔布特断裂多期活动的特点。达尔布特断裂带及其分支断裂有较为明显的结构特征,可划分出滑动破碎带和诱导裂缝带。

(一)滑动破碎带

滑动破碎带位于达尔布特断裂带中心,是断裂带变形最强烈的区域,吸收了绝大部分挤压应力。达尔布特断裂滑动破碎带内岩石多遭受强烈的挤压,导致岩石揉皱或破碎甚至发生变质作用,主要由断层角砾岩、碎裂岩、断层泥、糜棱化和片理化岩石等代表不同断裂性质的构造岩组成,它们是断裂不同时期活动的产物,显示达尔布特断裂经历了不同性质的断裂活动。滑动破碎带内破碎岩石间的裂隙大多已被充填,野外观察发现充填的物质有泥质、石英脉、石膏脉。

(二)诱导裂缝带

诱导裂缝带位于滑动破碎带两侧,岩石基本未破碎并保留有原岩特征,岩石遭受的挤压破碎较弱,仅发生多方向相互交错的裂缝,并在多处野外露头中呈现X型共轭裂缝展布。诱导裂缝带发育的裂缝多被后期形成的泥质脉体、石英脉、石膏脉充填。

第二节　吐孜阿克内沟露头区

一、交通、地质概况

吐孜阿克内沟位于克拉玛依市西侧约10km处、扎伊尔山脚下的西湖公墓,从克拉玛依市出发向西行车约30分钟即可到达(图2-43、图2-44)。吐孜阿克内沟在地形上呈现为一条北西—南东走向的沟谷,宽达数百米,其构造活动较弱,地层接触关系复杂。吐孜阿克内沟路线北西段的973岩体临近达尔布特断裂,断裂发育,卫星图片上可观察到明显的水平位移;目前已有大量973岩体的相关研究成果。

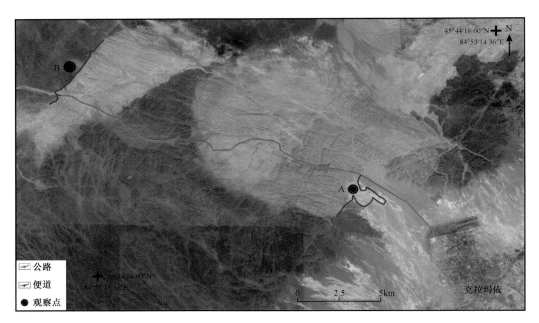

图 2-43 吐孜阿克内沟路线卫星图

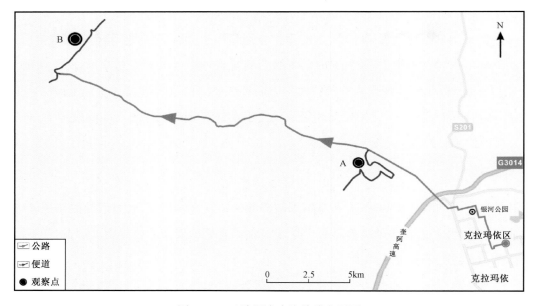

图 2-44 吐孜阿克内沟路线交通图

吐孜阿克内沟是准噶尔盆地西北缘的油砂出露点之一。据该区 1:20 万地质图(图 2-45),吐孜阿克内沟自下而上主要出露石炭系太勒古拉组(C_1t)、三叠系克拉玛依组上段(T_2k)、侏罗系八道湾组(J_1b)、三工河组(J_1s)、西山窑组(J_2x)、头屯河组(J_2t)、齐古组(J_3q),其北侧还发育有大面积的花岗岩体。

据 1:20 万地质图(图 2-46),973 岩体为花岗岩体,位于达尔布特断裂南东侧 3~5km 处,呈北东—南西走向分布,围岩为石炭系太勒古拉组(C_1t),其内部还发育多条北西—南东走向的岩脉。973 岩体被一条与达尔布特断裂近平行的断层切穿,据其两盘岩体的水平移动方向,可知该断层为左旋走滑断层,与达尔布特断裂性质相同。

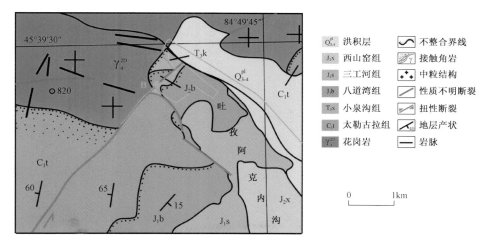

图 2-45　吐孜阿克内沟地质图

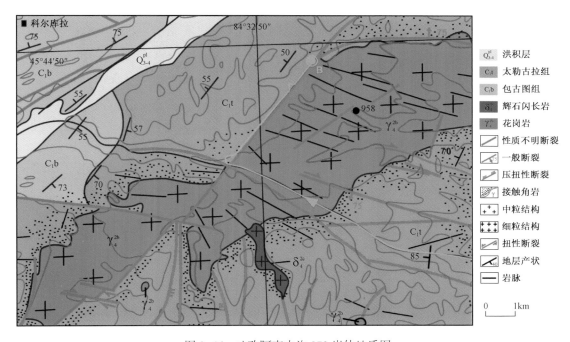

图 2-46　吐孜阿克内沟 973 岩体地质图

二、典型露头构造解析

吐孜阿克内沟路线包括吐孜阿克内沟（A）和 973 岩体（B）两个野外观察点。

（一）吐孜阿克内沟露头

图 2-47 为吐孜阿克内沟一处三叠系与花岗岩体接触关系高分辨率照片、构造解析及素描图。从图中可以看出，三叠系产状近水平，直接覆盖于花岗岩体之上，形成异岩不整合。露头中两者接触关系较复杂，三叠系向下"镶入"花岗岩体中，最宽处为 0.9m，向下逐渐变窄直至消失。通过分析两者接触边界的几何形态，推测早期花岗岩体形成之后，长期经受风化剥蚀，产生裂缝，后期沉降接收三叠系沉积时，沉积物"灌入"该裂缝而形成现今的接触关系。图 2-47c 中黄色圈点处采集花岗岩样品一件（Wu028），该样品岩石视密度为 2.13g/cm³，有效孔隙度为 17.8%，有效渗透率为 142mD。

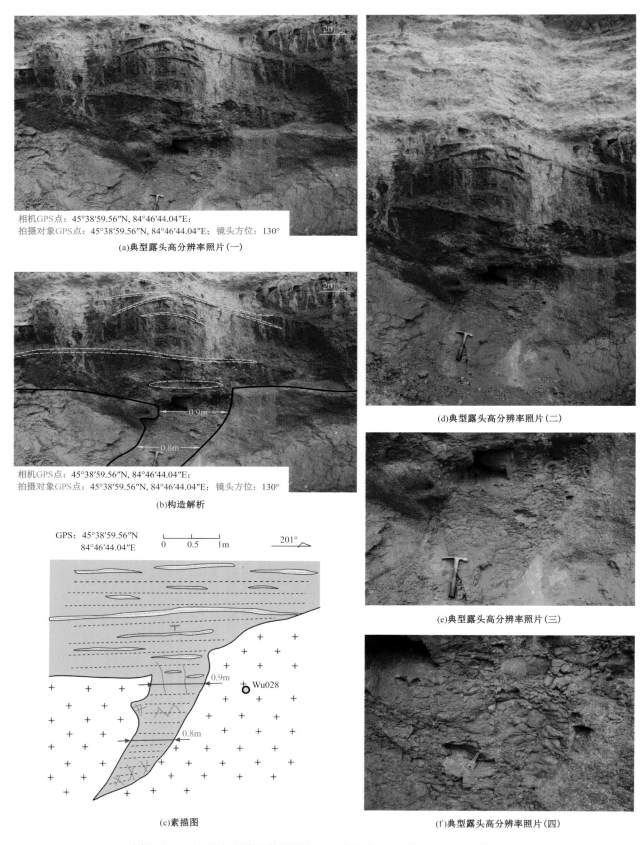

相机GPS点：45°38′59.56″N，84°46′44.04″E；
拍摄对象GPS点：45°38′59.56″N，84°46′44.04″E；镜头方位：130°

(a)典型露头高分辨率照片(一)

相机GPS点：45°38′59.56″N，84°46′44.04″E；
拍摄对象GPS点：45°38′59.56″N，84°46′44.04″E；镜头方位：130°

(b)构造解析

(c)素描图

(d)典型露头高分辨率照片(二)

(e)典型露头高分辨率照片(三)

(f)典型露头高分辨率照片(四)

图2-47　三叠系与花岗岩体接触关系高分辨率照片、构造解析及素描图

　　图 2-48 为吐孜阿克内沟路线一处油砂的野外勘察点,该野外露头位于克拉玛依市北西方向约 8km 的小西湖公墓附近。根据 1:20 万地质图,该露头所出露的地层应为三叠系克拉玛依组上段(T_2k),岩性为灰绿色砂质泥岩夹砂岩,其中砂岩夹层孔渗性较好,油浸程度很高。

对象GPS点: 45°38′41.05″N, 84°47′04.48″E　　　对象GPS点: 45°38′49.30″N, 84°46′49.18″E

(a)油砂露头远景

对象GPS点: 45°38′48.95″N, 84°46′49.19″E　　　对象GPS点: 45°38′48.95″N, 84°46′49.19″E

(b)油砂露头及内部层理

对象GPS点: 45°38′48.98″N, 84°46′49.28″E　　　对象GPS点: 45°38′48.95″N, 84°46′49.19″E

(c)内部层理　　　　　　　　　　　　　　　　(d)国内外专家探讨

对象GPS点: 45°38′55.57″N, 84°46′45.22″E　　　对象GPS点: 45°38′55.57″N, 84°46′45.22″E

(e)油砂剖面及近景

图 2-48　三叠系油砂典型露头

　　图 2-49 为吐孜阿克内沟一处小型正断层高分辨率照片、构造解析及素描图,该断层发育在侏罗系中,岩性以灰白色泥岩为主,夹多层煤线。从图中可观察到断层面南西倾向,倾角约 65°(剖面方向与断层走向小角度相交),断层上下盘地层产状差别不大,均为近水平。剖面中含有大量煤线,通过分析灰白色泥岩和所夹煤线标志层在上下盘间的错动方向,可判断该断层为正断层,断距约为 40cm。

相机GPS点:45°38′35.50″N, 84°47′35.53″E;
拍摄对象GPS点:45°38′35.64″N, 84°47′35.62″E;
镜头方位:59°

(a)典型露头高分辨率照片

相机GPS点:45°38′35.50″N, 84°47′35.53″E;
拍摄对象GPS点:45°38′35.64″N, 84°47′35.62″E;
镜头方位:59°

(b)构造解析

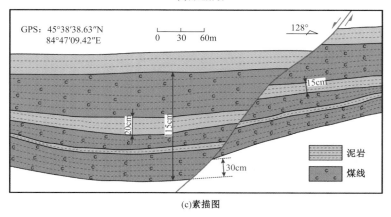

(c)素描图

图 2-49　侏罗系煤线剖面断层露头高分辨率照片、构造解析及素描图

在垂直于图 2-49 中正断层的局部小剖面上,可观察到大量构造透镜体发育,并且沿断层面可观察到明显的泥岩涂抹现象(图 2-50)。泥质涂抹沿着断层面分布,厚度可达 3~10cm,且连续性较好。由于泥质涂抹层孔隙度、渗透率均很低,极大提高了断层的侧向封堵能力。

(a)典型露头高分辨率照片　　　　　　　　　　　(b)构造解析

图 2-50　构造透镜体和泥岩涂抹现象

图 2-51 为吐孜阿克内沟一处三叠系克拉玛依组上段与侏罗系八道湾组不整合接触关系典型露头高分辨率照片、构造解析及素描图。不整合下伏地层为三叠系小泉沟组,南东倾向,倾角为 9°,上覆地层为侏罗系八道湾组,南东倾向,倾角 19°,故两者为角度不整合接触。该不整合具典型的不整合 3 层结构:底砾岩、风化黏土层和风化淋滤带,其中风化黏土层厚度为 50~110cm 不等。

图 2-52 为吐孜阿克内沟一处侏罗系内部不整合接触关系典型露头高分辨率照片、构造解析及素描图。不整合下伏地层为侏罗系西山窑组,南东倾向,倾角约 20°~30°,上覆地层为侏罗系头屯河组,南东倾向,倾角约 10°,两者为角度不整合接触。

图 2-53 为吐孜阿克内沟一处侏罗系内部不整合接触关系典型露头高分辨率照片、构造解析及素描图。不整合下伏地层为侏罗系西山窑组,南东倾向,倾角约 20°~30°,上覆地层为侏罗系头屯河组,南东倾向,倾角约 10°,两者为角度不整合接触。该不整合未观察到典型的不整合 3 层结构,仅见少量底砾岩和风化淋滤带。典型的不整合 3 层结构为:底砾岩、风化黏土层和风化淋滤带,其中风化黏土层厚度为 50~110cm 不等。

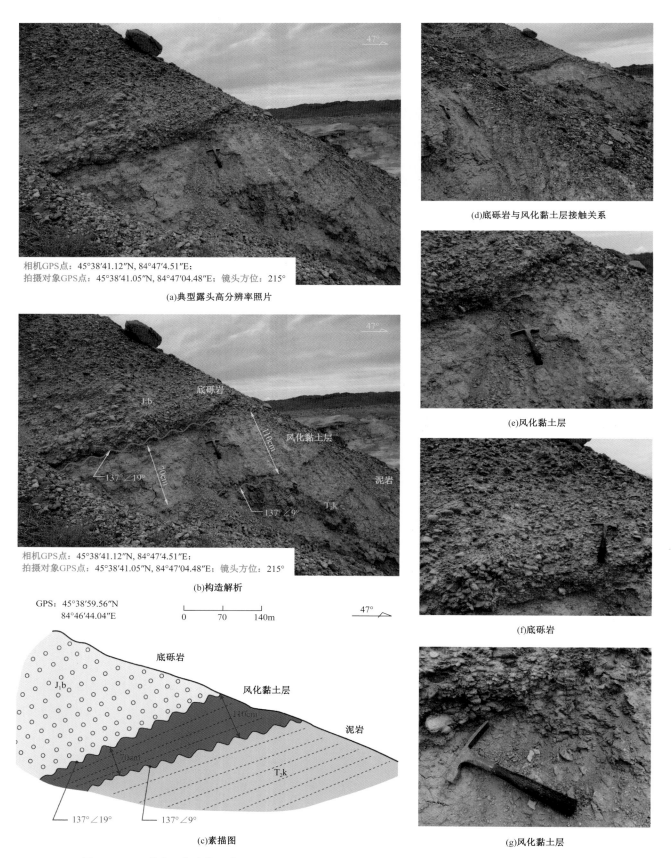

相机GPS点：45°38′41.12″N，84°47′4.51″E；
拍摄对象GPS点：45°38′41.05″N，84°47′04.48″E；镜头方位：215°

(a)典型露头高分辨率照片

相机GPS点：45°38′41.12″N，84°47′4.51″E；
拍摄对象GPS点：45°38′41.05″N，84°47′04.48″E；镜头方位：215°

(b)构造解析

(c)素描图

(d)底砾岩与风化黏土层接触关系

(e)风化黏土层

(f)底砾岩

(g)风化黏土层

图2-51　八道湾组与克拉玛依组上段不整合接触关系典型露头高分辨率照片、构造解析及素描图

相机GPS点：45°35′49.80″N, 84°49′28.37″E；拍摄对象GPS点：45°35′49.74″N, 84°49′27.16″E；镜头方位：230°

(a)不整合接触远景解析

拍摄对象GPS点：45°35′49.70″N, 84°49′26.60″E；
镜头方位：245°

(b)不整合接触关系近景解析

拍摄对象GPS点：45°35′48.79″N, 84°49′27.52″E；
镜头方位：155°

(c)不整合接触关系近景解析

拍摄对象GPS点：45°35′49.70″N, 84°49′26.60″E；
镜头方位：245°

拍摄对象GPS点：45°35′49.69″N, 84°49′26.65″E；
镜头方位：170°

(d)不整合接触关系及头屯河组砂岩层理

拍摄对象GPS点：45°35′49.69″N, 84°49′26.65″E；
镜头方位：235°

拍摄对象GPS点：45°35′48.79″N, 84°49′27.52″E；
镜头方位：140°

(e)不整合接触界面与头屯河组砂岩层理交切关系

图2-52　头屯河组与西山窑组不整合接触关系典型露头高分辨率照片及构造解析

相机GPS点：45°35′49.86″N, 84°49′26.79″E；
拍摄对象GPS点：45°35′49.70″N, 84°49′26.60″E；
镜头方位：214°

(a)典型露头高分辨率照片

相机GPS点：45°35′49.86″N, 84°49′26.79″E；
拍摄对象GPS点：45°35′49.70″N, 84°49′26.60″E；
镜头方位：214°

(b)构造解析

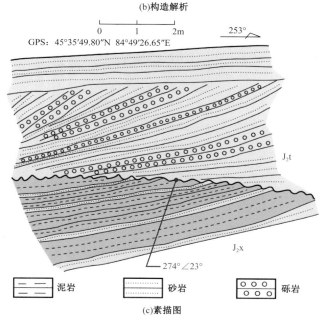

(c)素描图

图2-53　头屯河组与西山窑组不整合接触关系典型露头高分辨率照片、构造解析及素描图

图2-54为吐孜阿克内沟一处侏罗系与第四系不整合接触关系典型露头高分辨率照片、构造解析及素描图。如图2-54b和图2-54c所示，不整合下伏地层为侏罗系八道湾组和三工河组，南东倾向，倾角约20°～30°，上覆地层为第四系，产状近水平，两者之间为角度不整合接触。图2-54d与图2-54e为八道湾组上段碳质页岩。

相机GPS点：45°38′00.26″N，84°47′11.66″E；拍摄对象GPS点：45°37′59.35″N，84°47′12.09″E；镜头方位：164°

(a)不整合接触典型露头高分辨率照片

相机GPS点：45°38′00.26″N，84°47′11.66″E；拍摄对象GPS点：45°37′59.35″N，84°47′12.09″E；镜头方位：164°

(b)构造解析

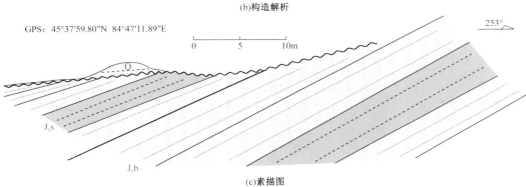

(c)素描图

(d)八道湾组上段碳质页岩　　　　(e)八道湾组上段碳质页岩

图2-54　侏罗系与第四系不整合接触关系典型露头高分辨率照片、构造解析及素描图

图 2-55 为吐孜阿克内沟一处河流下切谷典型露头高分辨率照片、构造解析及素描图。如图 2-55b、图 2-55c 所示,剖面中连续出现 3 条河流下切谷,可清晰观察到下切谷中较新沉积地层与两侧较早沉积地层间交切关系。在下切谷中,沉积地层从下向上可分辨出多个沉积正旋回,直至向上转变为细砂岩并进一步过渡为泥岩(图 2-56)。

相机GPS点:45°35′44.02″N,84°49′31.36″E;拍摄对象GPS点:45°35′43.92″N,84°49′30.63″E;镜头方位:250°

(a)河流下切谷典型露头高分辨率

相机GPS点:45°35′44.02″N,84°49′31.36″E;拍摄对象GPS点:45°35′43.92″N,84°49′30.63″E;镜头方位:250°

(b)构造解析

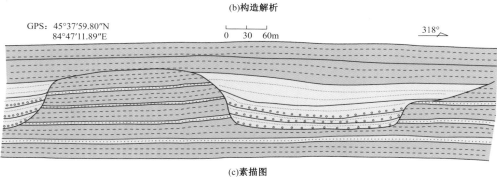

(c)素描图

图 2-55　河流下切谷沉积旋回及素描图

拍摄对象GPS点:45°35′43.92″N,84°49′30.63″E;镜头方位:250°

图 2-56　吐孜阿克内沟河流下切谷沉积正旋回

（二）973岩体露头

图 2-57 和图 2-58 为 973 岩体野外勘察点位示意图及断裂带构造解析组图。由于 973 岩体及将其切穿的走滑断层长期经受风化剥蚀，野外难以直接观察到该断层面，地形地貌上也没有明显的识别标志，需要通过遥感影像方可直观地观察切穿 973 岩体的断层平面展布情况。如图 2-58 所示，在野外勘察中，观察到断裂带附近的岩石破碎程度高，断层角砾岩、剪切带、水平擦痕大量发育，这些间接证据均说明 973 岩体形成后受到达尔布特断裂强烈的改造作用。

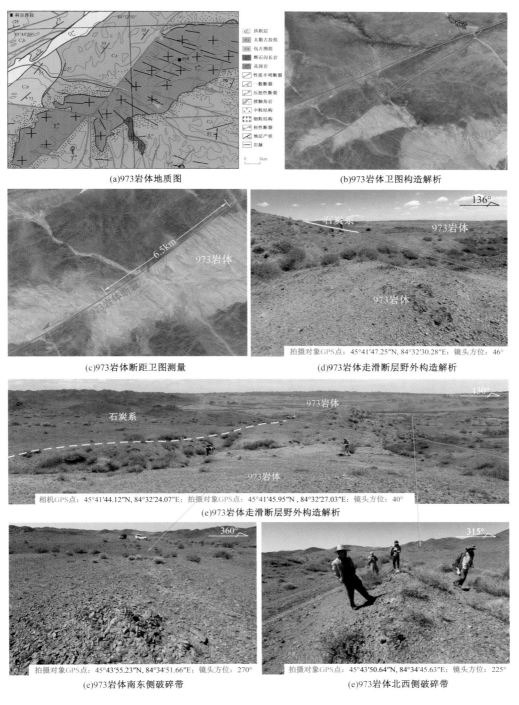

(a)973岩体地质图

(b)973岩体卫图构造解析

(c)973岩体断距卫图测量

(d)973岩体走滑断层野外构造解析

(e)973岩体走滑断层野外构造解析

(e)973岩体南东侧破碎带

(e)973岩体北西侧破碎带

图 2-57 973 岩体断裂发育特征

图 2-58 973 岩体断裂带构造解析

（a）断层破碎带：岩石在强烈的压扭作用下破碎程度严重，形成大量棱角分明的断层角砾岩;（b）捕房体中的断层擦痕，产状近水平;
（c）断层擦痕：产状近水平(俯拍);（d）断层剪切带，根据剪切带发育特征，可据此分析该区应力背景;（e）973 岩体中的小型断层，
沿断层有少量泥质充填;（f）断层擦痕：产状近水平;（g）973 岩体中的小型捕房体;（h）镜面与擦痕：产状近水平

三、吐孜阿克内沟露头区综合认识

吐孜阿克内沟路线包含两个观察点,分别为973岩体和吐孜阿克内沟。

973岩体野外勘察主要集中在岩体北西边界断层位置,该断层为北东—南西走向,与达尔布特断裂近平行。从地质图上判读,973岩体被该北东—南西走向的断层切穿,根据两盘岩体的错位方向,可知该断层为左旋走滑断层。该断层由于长期经受风化剥蚀,野外未能直接观察其断裂带结构及断裂性质,但可通过分支小断层及其他断层识别标志对此做出推断。在该断裂带中,观察到多条小型断裂,可见断层破碎带、断层角砾岩、捕房体、剪切带、擦痕、蛇纹石化等现象,其中剪切带的节理分布特征和水平擦痕的指向,可判定该断裂带为左旋走滑断层,与达尔布特断裂现今的断层性质相同。

吐孜阿克内沟野外勘察主要观察三叠系、侏罗系、第四系及不整合发育情况,具体包括三叠系克拉玛依组上段(T_2k)与侏罗系八道湾组(J_1b)间角度不整合、侏罗系西山窑组(J_2x)与侏罗系头屯河组(J_2t)间角度不整合、侏罗系与第四系间角度不整合,不整合结构特征较为明显。吐孜阿克内沟局部还可观察到三叠系与花岗岩接触关系、侏罗系小型正断层(含煤线、断距30cm,可见构造透镜体和泥岩涂抹现象)、河流下切谷(可见多套沉积旋回)等典型野外构造剖面。

第三节　不整合沟露头区

一、交通、地质概况

不整合沟位于克拉玛依市东侧约3km处,从克拉玛依市出发,沿准噶尔路向东行车约5分钟,穿越东外环路即可到达(图2-59、图2-60)。不整合沟海拔约为650m,地形起伏不大(起伏幅度20~30m)。作为观察侏罗系、白垩系不整合地层接触关系的典型野外勘察露头,目前已有大量关于不整合沟的研究,然而该路线地层时代的确定、地层接触关系的纵向组合形式尚未完全厘定。

据该区1∶20万地质图(图2-59),不整合沟附近构造活动较弱,未发育大型的断层或褶皱,地层变形较弱。该勘察露头附近从老到新依次出露侏罗系八道湾组、侏罗系三工河组、侏罗系西山窑组、侏罗系齐古组和白垩系吐谷鲁群。其中,发育两套角度不整合接触,分别为侏罗系西山窑组与侏罗系齐古组间角度不整合和侏罗系齐古组与白垩系吐谷鲁群间角度不整合。

图2-59　不整合沟露头区卫星图

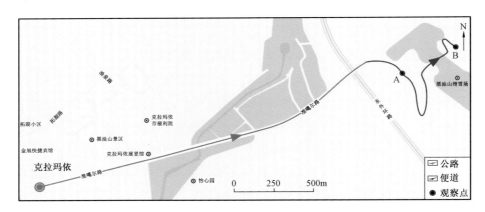

图 2-60　不整合沟露头区交通图

二、典型露头构造解析

不整合沟路线野外勘察主要有两个观察点 A 和 B（图 2-61），重点观察、测量并绘制了 3 条地质剖面。

图 2-62 为观察点 A 处地层不整合接触关系典型剖面高分辨率照片、构造解析及素描图。如图 2-62b 和图 2-62c 所示，该剖面中可观察到 3 套地层及其间的两套不整合接触关系，构成了不整合沟复杂的复式不整合地层接触关系。

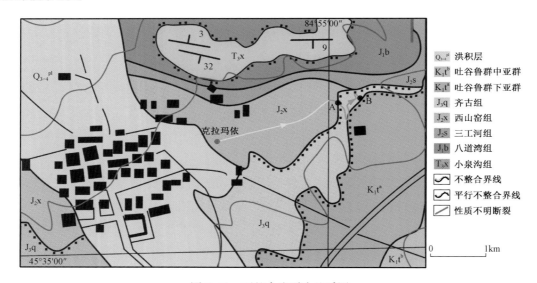

图 2-61　不整合沟露头地质图

（一）侏罗系西山窑组与侏罗系齐古组间不整合

下伏地层为侏罗系西山窑组，以砂岩、粉砂岩、泥岩为主，局部见细砾砂岩，地层南东倾向，倾角 25°～30°；上覆地层为侏罗系齐古组，以红色泥岩为主，地层南东倾向，倾角小于 10°；故该不整合为典型的角度不整合。两套地层间，发育一层厚度约为 2m 的猪肝色风化泥岩，其下伏地层侏罗系西山窑组顶部可见厚约 0.5m 的风化淋滤带。

（二）侏罗系齐古组与白垩系吐谷鲁群间不整合

下伏地层为侏罗系齐古组，以红色泥岩为主，地层南东倾向，倾角小于 10°；上覆地层为白垩系吐谷

相机GPS点：45°36′33.26″N，84°55′12.29″E；拍摄对象GPS点：45°36′34.25″N，84°55′13.10″E；镜头方位：47°

(a)典型剖面高分辨率照片

相机GPS点：45°36′33.26″N，84°55′12.29″E；拍摄对象GPS点：45°36′34.25″N，84°55′13.10″E；镜头方位：47°

(b)构造解析

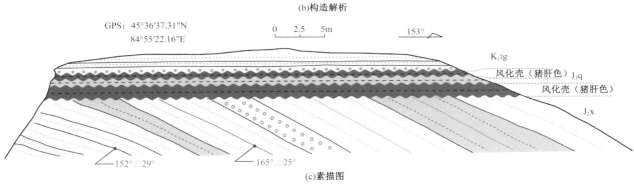

(c)素描图

图2-62 A处地层不整合接触关系典型剖面高分辨率照片、构造解析及素描图

鲁群，以灰白色砂岩、粉砂岩为主，夹少量薄层泥岩，地层南东倾向，倾角小于5°；故该不整合为角度不整合。两套地层间，发育一层厚度约0.2～0.5m的猪肝色风化泥岩，其上覆地层白垩系吐谷鲁群底部观察到约0.5～0.7m厚的底砾岩，其下伏地层侏罗系齐古组顶部亦可见薄层(10～20cm)的风化淋滤带，三者构成了典型的不整合纵向3层结构。

图2-63为侏罗系齐古组与白垩系吐谷鲁群间角度不整合：下伏地层为侏罗系齐古组，以红色泥岩为主，地层南东倾向，倾角小于10°；上覆地层为白垩系吐谷鲁群，以灰白色砂岩、粉砂岩为主，夹少量薄层泥岩，地层南东倾向，倾角小于5°。

相机GPS点：45°36′33.12″N，84°55′15.62″E；
拍摄对象GPS点：45°36′33.12″N，84°55′15.62″E；镜头方位：154°

(a)角度不整合野外照片

拍摄对象GPS点：45°36′33.89″N，84°55′14.25″E

(d)底砾岩

相机GPS点：45°36′33.12″N，84°55′15.62″E；
拍摄对象GPS点：45°36′33.12″N，84°55′15.62″E；镜头方位：154°

(b)构造解析

拍摄对象GPS点：45°36′33.77″N，84°55′14.27″E

(e)底砾岩与风化黏土层接触关系

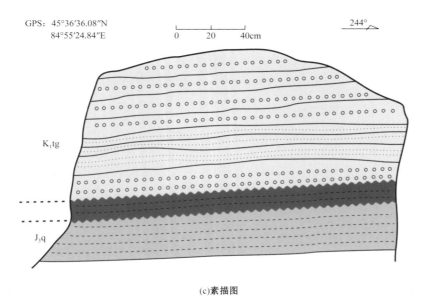

(c)素描图

拍摄对象GPS点：45°36′33.53″N，84°55′14.46″E

(f)风化黏土层

拍摄对象GPS点：45°36′33.72″N，84°55′14.38″E

(g)风化淋滤带

图2-63 不整合沟角度不整合

　　图2-64为观察点A处地层不整合接触关系典型露头高分辨率照片、构造解析及素描图。从图2-64b和图2-64c剖面中可观察到3套地层及其间的两套不整合接触关系,构成了不整合沟复杂的复式不整合地层接触关系。

(a)典型露头高分辨率照片

(b)构造解析

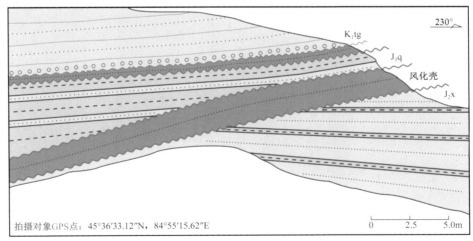

(c)素描图

图2-64　A处地层不整合接触关系典型露头高分辨率照片、构造解析及素描图

1. 侏罗系西山窑组与侏罗系齐古组间不整合

下伏地层为侏罗系西山窑组,上覆地层为侏罗系齐古组,两者之间为角度不整合。两套地层间发育一层厚度约为2m的猪肝色风化泥岩。

2. 侏罗系齐古组与白垩系吐谷鲁群间不整合

下伏地层为侏罗系齐古组,上覆地层为白垩系吐谷鲁群,两者之间为角度不整合。两套地层间发育一层厚度约为0.3~0.4m的猪肝色风化泥岩,其上覆地层白垩系吐谷鲁群底部观察到薄层底砾岩,其下伏地层侏罗系齐古组顶部亦可见10~20cm厚的风化淋滤带,三者构成了典型的不整合纵向3层结构。

图2-65为一处不整合沟复式不整合地层接触关系典型露头高分辨率照片、构造解析及素描图。该剖面中可观察到与图2-62和图2-64中相同的现象,即3套地层及其间的两套不整合接触关系,构成了不整合沟复杂的复式不整合地层接触关系。通过综合观察3条具有不同剖面方向的典型地质露头之间的差异,可明确不整合沟复式不整合地层接触关系的空间展布及其横向变化。其中,侏罗系西山窑组与侏罗系齐古组间不整合下伏地层为侏罗系西山窑组,以砂岩、粉砂岩、泥岩为主,地层南东倾向。上覆地层为侏罗系齐古组,以红色泥岩为主,地层南东倾向,为典型的角度不整合接触关系;侏罗系齐古组与白垩系吐谷鲁群间不整合下伏地层为侏罗系齐古组,以红色泥岩为主,地层南东倾向,上覆地层为白垩系吐谷鲁群,以灰白色砂岩、粉砂岩为主,夹少量薄层泥岩,地层南东倾向,为角度不整合接触关系。两套不整合均可观察到典型的不整合纵向3层结构。

图2-66a为不整合沟复式角度不整合及局部小褶皱构造解析图,3套地层及其间的两套不整合接触关系构成了不整合沟复杂的复式不整合地层接触关系;图2-66b为西山窑组中发育的局部小褶皱,通过剖面分析为一开阔的向斜,其轴面向北东方向斜歪;图2-66c为西山窑组与吐谷鲁群角度不整合;图2-66d为西山窑组内部油页岩;图2-66e为西山窑组与吐谷鲁群角度不整合;图2-66f为白垩系吐谷鲁群底砾岩;图2-66g为西山窑组与吐谷鲁群角度不整合。

三、不整合沟露头区综合认识

不整合沟剖面地层接触关系复杂,不整合结构完整(图2-62至图2-66)。通过对不整合沟剖面野外勘察发现:不整合沟发育两组不整合,分别为侏罗系西山窑组(J_2x)与侏罗系齐古组(J_3q)间角度不整合;侏罗系齐古组(J_3q)与白垩系吐谷鲁群(K_1t)间角度不整合。两组角度不整合构成了不整合沟的复式不整合。不整合沟地层接触关系复杂,不整合结构完整,两组不整合均可见明显的3层结构,从下至上分别为风化淋滤带、风化黏土层和底砾岩(图2-67)。风化淋滤带孔渗(表2-4、表2-5)测试结果表明,风化淋滤带岩石的孔隙度较好(23%~25%),渗透率也高于未风化岩石。

相机GPS点：45°36′37.12″N，84°55′29.07″E；拍摄对象GPS点：45°36′37.50″N，84°55′30.00″E；镜头方位：60°

(a)典型露头高分辨率照片

相机GPS点：45°36′37.12″N，84°55′29.07″E；拍摄对象GPS点：45°36′37.50″N，84°55′30.00″E；镜头方位：60°

(b)构造解析

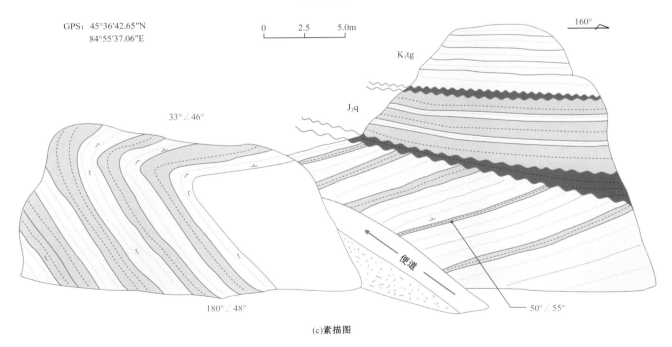

(c)素描图

图2-65 不整合沟角度不整合高分辨率照片、构造解析及素描图

相机GPS点：45°36′37.12″N，84°55′29.07″E；拍摄对象GPS点：45°36′37.50″N，84°55′30.00″E；镜头方位：60°

(a)不整合沟复式角度不整合及局部小褶皱构造解析图

相机GPS点：45°36′39.74″N，84°55′27.89″E；镜头方位：110°

(b)西山窑组中发育的局部小褶皱

相机GPS点：45°36′39.02″N，84°55′29.50″E；镜头方位：136°

(c)西山窑组与吐谷鲁群角度不整合

相机GPS点：45°36′39.02″N，84°55′29.50″E；镜头方位：304°

(d)西山窑组内部油页岩

相机GPS点：45°36′39.02″N，84°55′29.50″E；镜头方位：310°

(e)西山窑组与吐谷鲁群角度不整合

相机GPS点：45°36′38.54″N，84°55′30.41″E

(f)白垩系吐谷鲁群底砾岩

相机GPS点：45°36′37.23″N，84°55′30.12″E；镜头方位：65°

(g)西山窑组与吐谷鲁群角度不整合

图2-66　不整合沟角度不整合和褶皱构造解析

图 2-67　不整合纵向结构划分特征

表 2-4　不整合沟风化淋滤带样品信息

岩石物性					
取样编号	取样路线	取样时间	取样 GPS 点坐标		样品描述
			纬度（N）	经度（E）	
Wu001	不整合沟路线	2015 年 6 月 6 日	45°36′33.72″	84°55′14.38″	风化淋滤带岩石
Wu002	不整合沟路线	2015 年 6 月 6 日	45°36′33.72″	84°55′14.38″	风化淋滤带岩石

测试单位：中国石油天然气股份有限公司新疆油田分公司实验检测研究院

表 2-5　不整合沟风化淋滤带孔渗特征

序号	样品编号	原样号	岩石定名	岩石视密度（g/cm³）	孔隙度（%）		渗透率（mD）		备注
					总孔隙度	有效孔隙度	垂直	水平	
1	2015-09587	Wu001	风化淋滤带岩石	2.00		22.5		8.48	包封不整合沟
2	2015-09588	Wu002	风化淋滤带岩石	1.97		23.3		4.46	包封不整合沟

测试单位：中国石油天然气股份有限公司新疆油田分公司实验检测研究院

第四节　科克呼拉露头区

一、交通、地质概况

科克呼拉（38km）露头区位于克拉玛依市北西方向约 40km 处，从克拉玛依市出发，经 S201 省道行车约 40 分钟即可到达（图 2-68、图 2-69）。从卫星图像上可以看出，科克呼拉路线穿越扎伊尔山，至达尔布特断裂带。行车途中经过 A、B 两个观察点,之后行至达尔布特断裂附近 C、D 两个观察点,并沿达尔布特断裂向南东延伸至 E 观察点进行野外勘察。

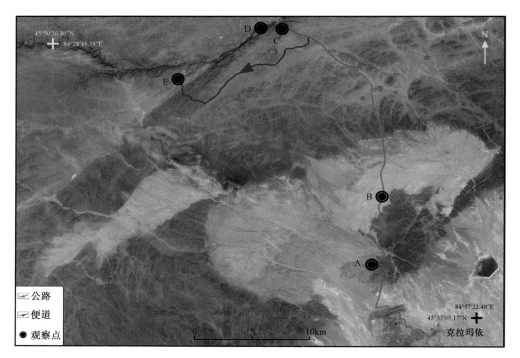

图 2-68 科克呼拉露头区卫星图

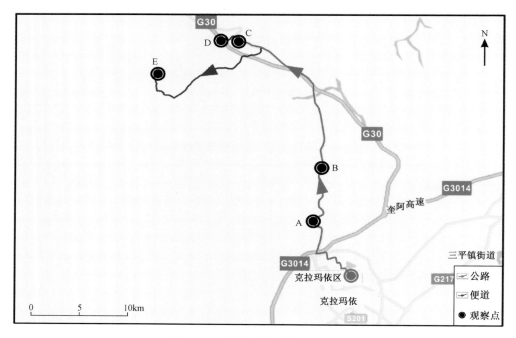

图 2-69 科克呼拉露头区交通图

据该区 1:20 万地质图(图 2-70),科克呼拉露头区的 C、D、E 3 个观察点位于或临近达尔布特断裂带,出露地层主要为石炭系包古图组和太勒古拉组,在达尔布特断裂北西侧沿北东—南西走向发育长条状蛇绿岩套。达尔布特断裂两盘均发育多条分支断层,其中以与达尔布特断裂近平行的分支断裂为主。

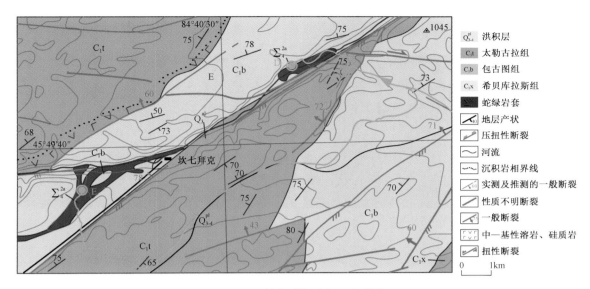

图 2-70　科克呼拉露头区地质图

二、典型露头构造解析

科克呼拉露头野外勘察重点主要为达尔布特断裂带结构特征划分、派生断层或节理的平剖面组合样式等，根据野外典型露头的构造解析综合分析科克呼拉路线达尔布特断裂的断层性质和形成机理。

图 2-71 为科克呼拉露头 A 观察点达尔布特断裂带分支断裂 F1 典型露头高分辨率照片、构造解析及素描图。该剖面中，分支断裂 F1 断裂结构特征明显，可划分为中央 1.35m 宽的滑动破碎带、北西盘 25m 宽的诱导裂缝带和南东盘 27m 宽的诱导裂缝带。分支断裂 F1 滑动破碎带岩石破碎严重，可见大量构造透镜体和水平断层擦痕发育。根据断层擦痕的运动方向，可判断该断裂带为左旋走滑断层。

图 2-72、图 2-73 为科克呼拉露头 A 观察点达尔布特断裂带分支断裂 F1 典型露头高分辨率照片（图 2-72a）及相应的构造解析（图 2-72b）。该剖面为沿 S201 省道公路旁北西—南东向断裂带露头，剖面长度约为 70m。如图 2-72b 所示，剖面中分支断裂 F1 断裂结构特征明显，可划分为中央 1.35m 宽的滑动破碎带、北西盘 25m 宽的诱导裂缝带和南东盘 27m 宽的诱导裂缝带。位于剖面中间部位的滑动破碎带岩石破碎严重，可见大量构造透镜体和水平断层擦痕发育。根据断层擦痕的运动方向，可判断该断裂带为左旋走滑断层。F1 断裂带为北东—南西走向，与达尔布特断裂带近平行，根据 Sylvester 剪切模式分析，F1 断裂带应与达尔布特断裂带旋向相同，这与野外的现场勘察结果相吻合。

图 2-74 为科克呼拉露头 B 观察点达尔布特断裂带南东侧花岗岩体中分支断裂 F2 典型露头的高分辨率照片、构造解析。该剖面中，分支断裂 F2 断裂结构特征明显，可划分为中央滑动破碎带及两盘的诱导裂缝带。根据断裂带内部断层擦痕的运动方向，可判断该断裂带为左旋走滑断层。同时，在该观察点周边，还发育多条与分支断裂带 F2 近平行的小型断裂带。从平面上观察，这一系列断裂带内部节理发育，并呈现羽列状组合方式，均反映左旋压扭性应力场（图 2-75）。

图 2-76 为科克呼拉露头 B 观察点达尔布特断裂带南东侧花岗岩体中分支断裂 F2 典型露头断裂结构特征的精细刻画。F2 断裂结构特征明显，可划分为中央的滑动破碎带及两盘的诱导裂缝带。滑动破碎带中岩石破碎强烈，而两侧诱导裂缝带中裂缝发育，局部可见左行右列式分布的裂缝。通过测量裂缝的产状，观察到两处 X 型剪节理，两组节理走向分别为 23° 和 165°。

相机GPS点：45°39′30.53″N，84°50′17.48″E；
拍摄对象GPS点：45°39′30.47″N，84°50 17.41″E；
镜头方位：60°

(a)典型露头高分辨率野外照片

相机GPS点：45°39′30.53″N，84°50′17.48″E；
拍摄对象GPS点：45°39′30.47″N，84°50 17.41″E；
镜头方位：60°

165°∠25°
25m   1.35m   27m
诱导裂缝带   滑动破碎带   诱导裂缝带

(b)构造解析

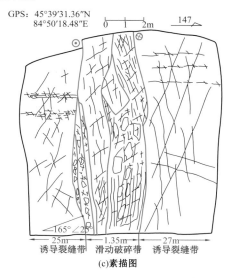

GPS：45°39′31.36″N
84°50′18.48″E   0 1 2m   147°

165°∠25°
25m   1.35m   27m
诱导裂缝带   滑动破碎带   诱导裂缝带

(c)素描图

图2-71　科克呼拉露头分支断裂F1典型露头高分辨率照片、构造解析及素描图

相机GPS点：45°39′30.53″N，84°50′17.48″E；拍摄对象GPS点：45°39′30.47″N，84°50′17.41″E；镜头方位：60°

(a)典型露头高分辨率野外照片

相机GPS点：45°39′30.53″N，84°50′17.48″E；拍摄对象GPS点：45°39′30.47″N，84°50′17.41″E；镜头方位：60°

(b)构造解析

图2-72　科克呼拉露头分支断裂F1典型露头高分辨率照片、构造解析

图 2-73 分支断裂 F1 滑动破碎带发育特征

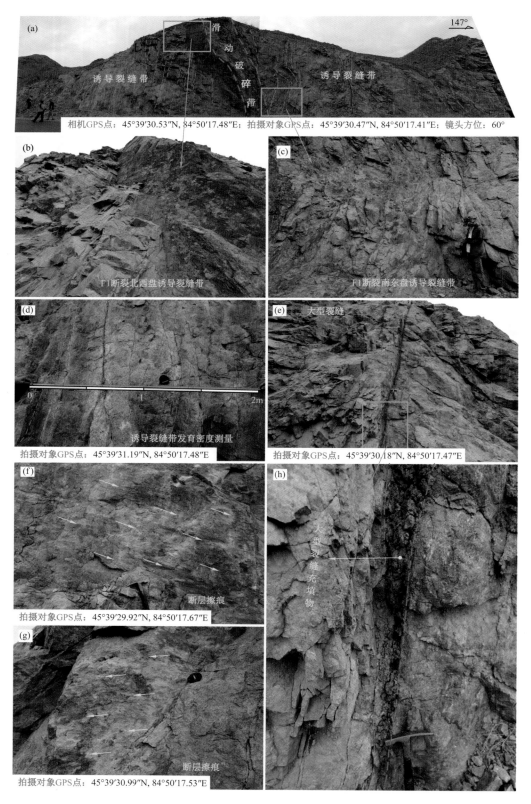

图 2-74　分支断裂 F1 滑动破碎带发育特征

（a）分支断裂 F1 典型露头构造解析图；（b）北西盘诱导裂缝带；（c）南东盘诱导裂缝带；（d）诱导裂缝带裂缝发育密度实地测量；
（e）F1 断裂南东盘观察到的大型裂缝或小型断层；（f-g）F1 断裂带观察到的摩擦镜面和水平断层擦痕，指示该处断层以水平相
对运动为主；（h）沿大型裂缝或小型断层发育的泥质充填现象，泥质充填有效降低了断裂带的孔渗性

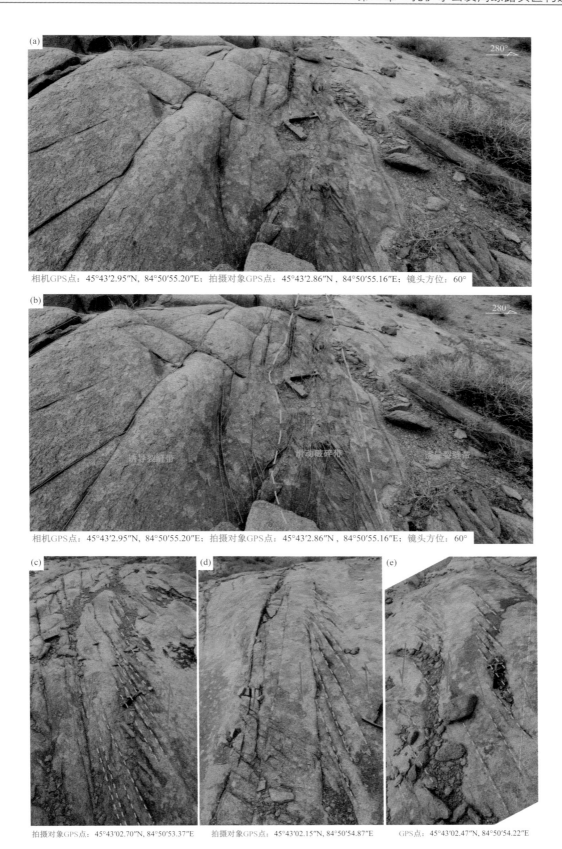

(a)

相机GPS点：45°43′2.95″N, 84°50′55.20″E；拍摄对象GPS点：45°43′2.86″N，84°50′55.16″E；镜头方位：60°

(b)

相机GPS点：45°43′2.95″N, 84°50′55.20″E；拍摄对象GPS点：45°43′2.86″N，84°50′55.16″E；镜头方位：60°

拍摄对象GPS点：45°43′02.70″N, 84°50′53.37″E　　拍摄对象GPS点：45°43′02.15″N, 84°50′54.87″E　　GPS点：45°43′02.47″N, 84°50′54.22″E

图 2-75　花岗岩体中断裂带内部羽状节理发育特征

相机GPS点：45°43′3.05″N，84°50′52.32″E；拍摄对象GPS点：45°43′3.05″N，84°50′52.32″E；镜头方位：210°

(a)F2断裂带结构特征解析

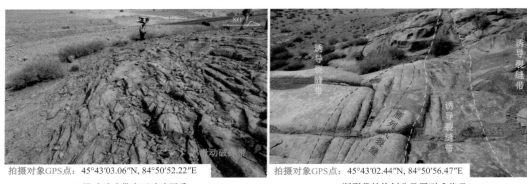

拍摄对象GPS点：45°43′03.06″N，84°50′52.22″E

(b)滑动破碎带岩石破碎严重

拍摄对象GPS点：45°43′02.44″N，84°50′56.47″E

(c)断裂带结构划分及雁列式节理

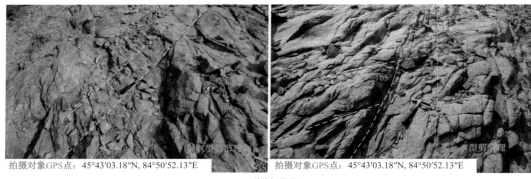

拍摄对象GPS点：45°43′03.18″N，84°50′52.13″E

拍摄对象GPS点：45°43′03.18″N，84°50′52.13″E

(d)X型共轭剪节理

拍摄对象GPS点：45°43′03.28″N，84°50′51.98″E

拍摄对象GPS点：45°43′03.48″N，84°50′52.05″E

(e)F2分支断裂滑动破碎带

图 2-76　F2断裂带结构特征精细刻画

图 2-77 为科克呼拉露头 E 观察点达尔布特断裂带南东侧花岗岩体中分支断裂 F2 典型露头及剖面构造解析。该北东—南西走向的剖面中,分支断层 F2 断裂结构特征明显,可划分为多套相互间隔的滑动破碎带和诱导裂缝带。根据断裂带内部断层擦痕的运动方向,可判断该断裂带为左旋走滑断层。

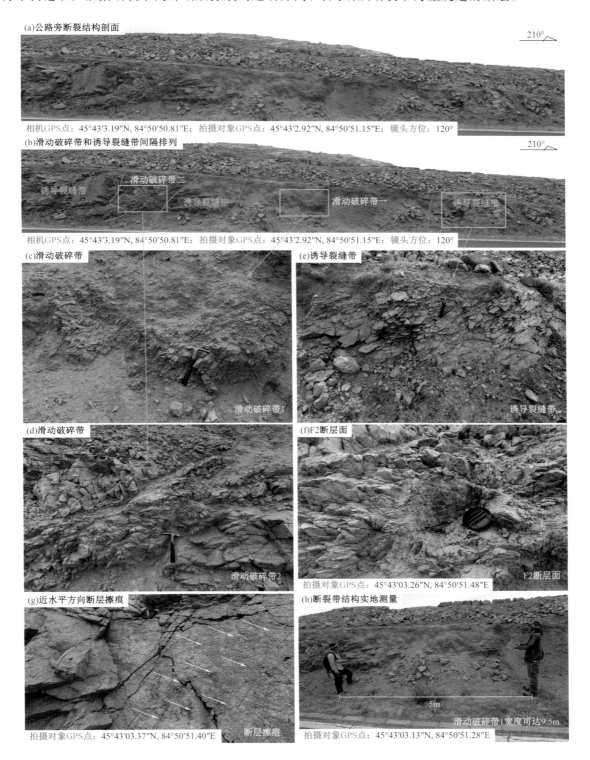

图 2-77　分支断裂 F2 典型露头及剖面构造解析

图 2-78 为科克呼拉露头 B 观察点达尔布特断裂带南东侧花岗岩体中分支断裂 F3-1 典型露头的构造解析及素描图。分支断层 F3-1 断裂结构特征明显,在剖面和平面中均可观察到明显的滑动破碎带和诱导裂缝带,以剖面观察为例,可将 F3-1 划分为中央 0.6~0.8m 宽的滑动破碎带及两盘的诱导裂缝带。根据断裂带内部断层擦痕的运动方向,可判断该断裂带为左旋走滑断层。

相机GPS点: 45°43′03.52″N, 84°50′56.45″E;
拍摄对象GPS点: 45°43′03.47″N, 84°50′56.45″E;
镜头方位: 185°

(a)分支断裂3-1概览图

相机GPS点: 45°43′03.52″N, 84°50′56.45″E;
拍摄对象GPS点: 45°43′03.47″N, 84°50′56.45″E;
镜头方位: 185°

(b)F3-1断裂构造解析

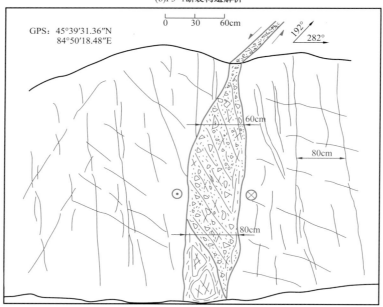

(c)F3-1断裂带结构特征素描图

图 2-78 科克呼拉路线分支断裂 F3-1 典型露头构造解析及素描图

　　图 2-79 为分支断裂 F3-1 滑动破碎带的精细刻画。分支断层 F3-1 断裂结构特征明显,在剖面中观察到明显的滑动破碎带和诱导裂缝带,滑动破碎带可达 0.6～0.8m 宽。沿断裂带还可观察到大量的断裂带充填物,在强烈的挤压剪切作用下,充填的岩石破碎严重,变形强烈。

相机GPS点:45°43′03.52″N,84°50′56.45″E;拍摄对象GPS点:45°43′03.47″N,84°50′56.45″E;镜头方位:185°

(a)F3-1断裂带构造解析

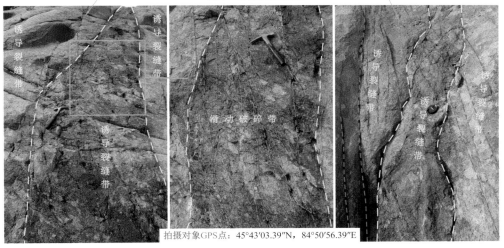

拍摄对象GPS点:45°43′03.39″N,84°50′56.39″E

(b)滑动破碎带精细刻画

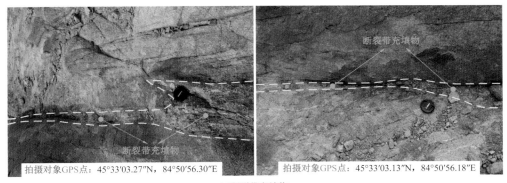

拍摄对象GPS点:45°33′03.27″N,84°50′56.30″E　　　拍摄对象GPS点:45°33′03.13″N,84°50′56.18″E

(c)断裂带充填物

图 2-79　分支断裂 F3-1 滑动破碎带精细刻画

科克呼拉露头 B 观察点达尔布特断裂带南东侧花岗岩体 F3 断裂带中,共观察到 3 条分支断层,分别命名为 F3-1、F3-2 和 F3-3(图 2-80)。

拍摄对象GPS点:45°43′03.38″N,84°50′56.40″E

(a)F3-1分支断层

拍摄对象GPS点:45°43′02.85″N,84°50′56.17″E

(b)F3-2分支断层

拍摄对象GPS点:45°43′02.73″N,84°50′56.04″E

(c)F3-3分支断层

图 2-80　F3 断裂带 3 条分支断层平面特征

图 2-78 中已对 F3 的第一条分支断层 F3-1 的典型露头进行了断裂带结构特征划分,并对其中间的滑动破碎带进行了宽度测量。图 2-79 中进一步对 F3-1 滑动破碎带内部的构造现象进行了精细刻画,包括对断裂带填充物的识别、对节理组合形式的判别、对应力场的判断等。

除 F3-1 分支断层外,在 B 观察点还对 F3-2 和 F3-3 两条分支断层的断裂带结构特征进行了分析,着重研究了其断裂带内部节理的组合形式并进行断层间的横向比对。

野外观察发现,F3 的 3 条分支断层内部的节理均为右列的组合排布形式(图 2-80)。通过将 3 条分支断层进行空间组合,可观察到 F3 断裂带内部 3 条分支断层所发育的节理均呈现右列左行的样式,指示 F3 断裂带发育在左旋压扭的应力环境中(图 2-81)。

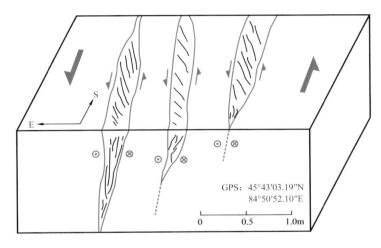

GPS: 45°43′03.19″N
84°50′52.10″E

0　　0.5　　1.0m

图 2-81　F3 断裂带 3 条分支断层的空间展布

在科克呼拉露头区公路旁 C 观察点(达尔布特断裂带南东侧),观察到一条规模较大的近南北走向的断层,命名为 F4 断裂。该断裂在平面上与北东—南西走向的达尔布特断裂呈小角度相交,在地形上呈现为一条大型的沟谷,与两侧山体高差可达数百米。F4 断裂带结构特征明显(图 2-82),变形强烈、岩石破碎严重的滑动破碎带在长期的风化作用下形成现今的沟谷地形,两侧的山体则为 F4 断裂的诱导裂缝带,裂缝高度发育。与前述分支断裂相比,F4 断裂的规模远超 F1、F2 和 F3 3 条分支断层。

在 F4 断裂的西盘,沿公路旁的剖面中观察到小型的褶皱和断层,推断应属于 F4 的伴生构造(平卧褶皱、逆断层,图 2-83)。该剖面中,可观察到石炭系中波长约为 5m、波幅约为 8m 的平卧褶皱,并在垂直于褶皱翼部地层的位置发育一条北东—南西走向的高陡逆冲断层,目测断距仅为 3～5m。根据断层两侧地层的错断方向,可以推断该小型断层为逆冲断层,断层面为南西倾向。该露头中 3～5m 的逆冲断距显然无法形成如此规模的褶皱和地层变形,因此该构造露头在形成过程中势必受控于达尔布特断裂或其分支断层的改造作用。

在科克呼拉路线 D 观察点,即达尔布特断裂带中,观察到一系列出露良好的地质剖面,这些剖面极好地展示了达尔布特断裂带的结构特征,为识别大型断裂带结构特征提供了依据。例如,图 2-84 为沿着达尔布特断裂所处沟谷向北东方向观察的地质剖面,而图 2-85 则为沿着达尔布特断裂所处沟谷向南西方向观察的地质剖面。在这两条剖面当中,可将达尔布特断裂划分为中央的滑动破碎带和两侧的诱导裂缝带。中央的滑动裂缝带发育宽度沿达尔布特断裂走向并不稳定,从数百米到 2km 不等,内部岩石经历了强烈的压扭

相机GPS点：45°51′12.80″N，84°44′10.52″E；拍摄对象GPS点：45°51′12.08″N，84°44′7.77″E；镜头方位：225°

(a)典型露头高分辨率照片

相机GPS点：45°51′12.80″N，84°44′10.52″E；拍摄对象GPS点：45°51′12.08″N，84°44′7.77″E；镜头方位：225°

(b)构造解析

图 2-82　科克呼拉露头区分支断裂 F4 断裂结构特征

变形，岩石破碎严重，部分甚至发生了片理化和蛇绿岩化，在长期的风化剥蚀作用下，已形成现今深达数百米的沟谷。其两侧的诱导裂缝带中裂缝大量发育，亦可见少量分支断裂，相比滑动破碎带，其岩石破碎程度较低，尚可识别其原岩岩性，故此诱导裂缝带抗风化剥蚀能力较强，现今地形上与中央滑动破碎带形成明显高差。

相机GPS点：45°51′12.80″N，84°44′10.52″E；拍摄对象GPS点：45°51′12.08″N，84°44′7.77″E；镜头方位：225°

(a)分支断裂F4构造解析

(b)F4西盘伴生小型逆断层和褶皱

(c)F4西盘伴生小型逆断层和褶皱

图2-83　科克呼拉露头区分支断裂F4西盘伴生小型断层和褶皱

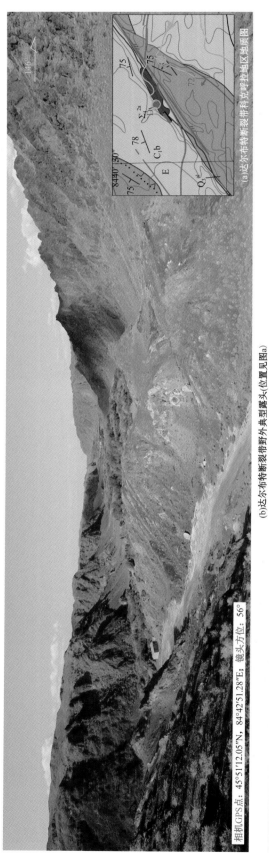

(b)达尔布特断裂带野外典型露头(位置见图a)

(a)达尔布特断裂带科克呼拉呼地区地质图

相机GPS点：45°51′12.05″N，84°42′51.28″E；镜头方位：56°

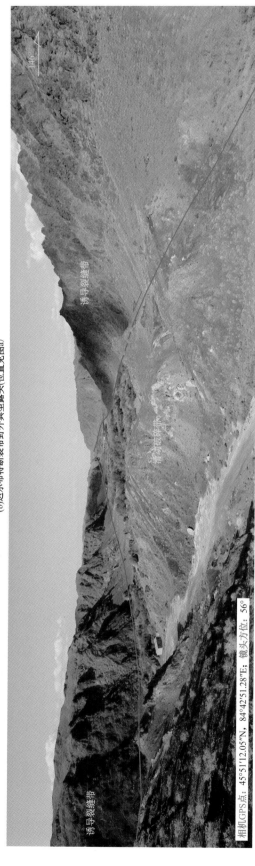

(c)达尔布特露头区达尔布特断裂带构造解析

相机GPS点：45°51′12.05″N，84°42′51.28″E；镜头方位：56°

图2-84 科克呼拉露头区达尔布特断裂带结构特征(一)

(a) 达尔布特断裂带科克呼拉地区地质图

(b) 达尔布特断裂带野外典型露头（位置见图a）

相机GPS点：45°51′12.05″N，85°42′51.28″E；对象GPS点：45°51′17.85″N，84°43′1.25″E；镜头方位：256°

(c) 达尔布特拉露头区达尔布特断裂带构造解析

相机GPS点：45°51′12.05″N，85°42′51.28″E；对象GPS点：45°51′17.85″N，84°43′1.25″E；镜头方位：256°

图2-85　科克呼拉断裂带达尔布特断裂带结构特征（二）

图 2-86 至图 2-92 对达尔布特断裂滑动破碎带结构特征进行了精细刻画。主要特征为：岩石破碎严重、构造透镜体、摩擦镜面、水平擦痕、阶步等断层识别标志大量发育，破碎带内岩石已有片理化和蛇纹石化现象，表明破碎带内部岩石在达尔布特断裂活动过程中经受了高温高压的压扭性应力场改造。

(a) 构造片岩和构造透镜体   (b) 断层擦痕

(c) 小型断层及内部充填物   (d) 小型断裂带

图 2-86　达尔布特断裂带结构特征精细刻画(一)

相机GPS点：45°51′20.30″N，84°42′57.34″E；拍摄对象GPS点：45°51′20.45″N，84°42′57.76″E；镜头方位：68°

(a)达尔布特断裂带花状构造

(b)花状构造精细刻画

拍摄对象GPS点：45°51′19.73″N，84°42′58.47″E

(c)构造片岩和构造透镜体

拍摄对象GPS点：45°51′19.39″N，84°42′58.52″E

(d)断裂带中断层角砾岩

图2-87 达尔布特断裂带结构特征精细刻画(二)

(a) 达尔布特断裂带构造透镜体，
透镜体长宽比3：1到5：1

(b) 达尔布特断裂带构造透镜体，
透镜体长宽比3：1到5：1

相机GPS点：45°51′20.30″N, 84°42′57.34″E；拍摄对象GPS点：45°51′20.45″N, 84°42′57.76″E；镜头方位：68°

(c) 小型断层构造露头

(d) 近水平断层擦痕和竖直阶步

(e) 水平断层擦痕

图 2-88 达尔布特断裂带结构特征精细刻画(三)

图 2-89 为达尔布特断裂带结构特征的精细刻画,该组野外构造露头中可观察到多种构造现象,包括:断层擦痕(图 2-89a、b、f)、剪切带(图 2-89c、d)和构造透镜体(图 2-89b、e)等。露头中,岩石破碎严重,片理化现象发育,擦痕方向不均一但以水平为主,反映达尔布特断裂经历了强烈的压扭性应力。

图 2-89 达尔布特断裂带结构特征精细刻画(四)

拍摄对象GPS点：45°51′16.37″N，84°42′58.40″E

(a)X型共轭剪节理、断层擦痕和断层充填物

拍摄对象GPS点：45°51′16.14″N，84°42′59.49″E

(b)断层擦痕和阶步

拍摄对象GPS点：45°51′16.37″N，84°42′58.40″E

(c)剪切带中的摩擦镜面和擦痕

拍摄对象GPS点：45°51′16.15″N，84°42′59.47″E

(e)水平断层擦痕

拍摄对象GPS点：45°51′16.24″N，84°42′58.97″E

(d)共轭节理面及断层擦痕

拍摄对象GPS点：45°51′16.18″N，84°42′59.61″E

(f)水平断层擦痕和竖直阶步

图2-90　达尔布特断裂带结构特征精细刻画(五)

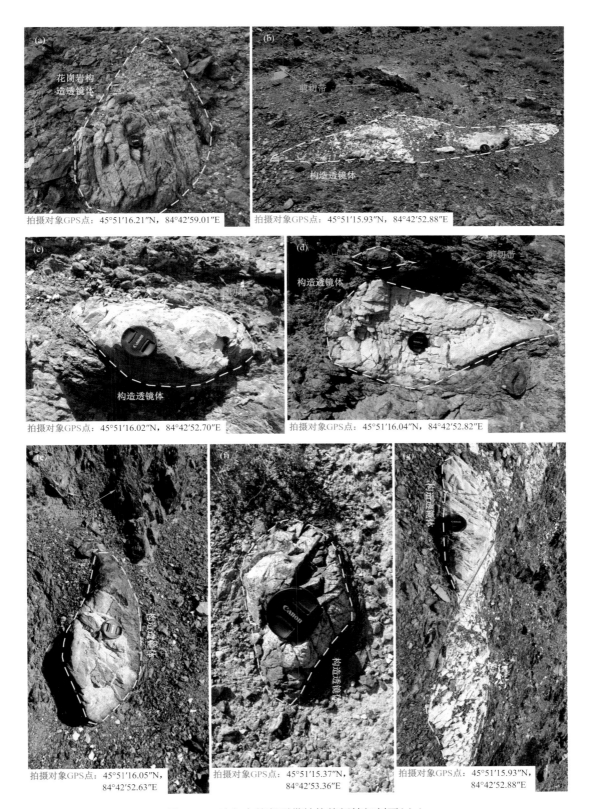

图 2-91　达尔布特断裂带结构特征精细刻画（六）

（a）花岗岩构造透镜体，长短轴比约 4∶1；（b）剪切带及构造透镜体，长短轴比约 7∶1；（c）剪切带及花岗岩构造透镜体，
长短轴比约 3∶1；（d）剪切带及花岗岩构造透镜体，长短轴比约 2∶1；（e-f）花岗岩构造透镜体，长短轴比约 2∶1；
（g）花岗岩构造透镜体（长短轴比约 3∶1）及左旋小断层

图 2-92　达尔布特断裂带结构特征精细刻画(七)

(a)达尔布特断裂滑动破碎带露头,岩石破碎程度高,片理化现象发育;(b)达尔布特断裂滑动破碎带中构造透镜体;
(c)达尔布特断裂结构特征;(d)诱导裂缝带和滑动破碎带接触关系:左旋走滑;(e)滑动破碎带中蛇绿岩

在科克呼拉路线 D 观察点,即达尔布特断裂带中,一系列出露良好的地质剖面极好地展示了达尔布特断裂带的结构特征,为识别大型断裂带结构特征提供了依据。图 2-84 和图 2-85 为垂直达尔布特断裂的地质剖面,剖面中可将达尔布特断裂划分为中央的滑动破碎带和两侧的诱导裂缝带。中央的滑动裂缝带发育宽度沿达尔布特断裂走向并不稳定,从数百米到 2km 不等,滑动破碎带内部岩石破碎严重,构造透镜体、摩擦镜面、水平擦痕、阶步等断层识别标志大量发育,破碎带内岩石已有片理化和蛇纹石化现象(图 2-86、图 2-87),表明破碎带内部岩石在达尔布特断裂活动过程中经受了高温高压的压扭性应力场改造。由于滑动破碎带内部岩石经历了强烈的压扭变形,岩石破碎严重,部分甚至发生了片理化和蛇绿岩化,在长期的风化剥蚀作用下,已形成现今深达数百米的沟谷,而位于滑动破碎带两侧的诱导裂缝带中裂缝大量发育,亦可见少量分支断裂,但其岩石破碎程度较滑动破碎带低,尚可识别其原岩岩性,具有相对较强的抗风化剥蚀能力,故其现今地形与中央滑动破碎带形成明显高差。

　　科克呼拉路线 E 观察点为达尔布特断裂带北西盘的一处分支断裂,命名为 F5 断裂(图 2-93)。F5 断裂为北东—南西走向,与达尔布特断裂呈小角度斜交,其两盘旋向应与达尔布特断裂一致,即为左旋。F5 断裂在地表上为一沟谷,宽度近百米,与两侧山体高差达数百米。沿 F5 断裂两侧均观察到沿沟谷走向分布的蛇绿岩,由于受到压扭应力场的改造,蛇绿岩破碎严重,构造透镜体、摩擦镜面、水平擦痕、阶步等断层识别标志大量发育,并出现强烈的片理化现象,表明该处岩石在达尔布特断裂活动过程中经受了高温高压的压扭性应力场改造。

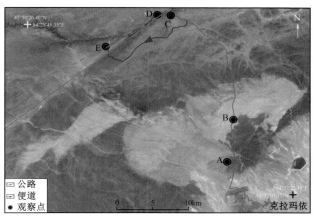

(a)分支断裂F5与达尔布特断裂带的构造关系

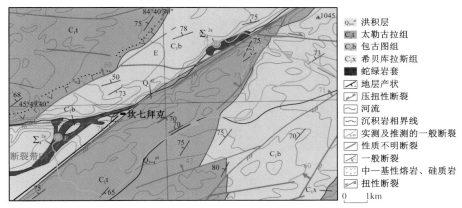

(b)分支断裂F5观察点E地质图

(c)分支断裂F5断裂带结构特征构造解析及沿断层分布的蛇绿岩带

图 2-93　达尔布特断裂带分支断裂 F5 及蛇绿岩分布

图 2-94 为 F5 断裂南东盘沿断层走向分布的蛇绿岩。该处蛇绿岩经受强烈的压扭剪切作用,岩石破碎严重,构造透镜体、摩擦镜面、水平擦痕、阶步等断层识别标志大量发育。在所观察的露头中,绿色的蛇纹石广泛发育,且在其表面遍布方向不一的擦痕。该处岩石在达尔布特断裂活动过程中经受了高温高压的压扭性应力场改造,产生了强烈的片理化现象。

拍摄对象GPS点: 45°48′40.77″N, 84°37′12.94″E

(a)蛇绿岩剪切带

拍摄对象GPS点: 45°48′40.86″N, 84°37′12.86″E

(b)蛇绿岩摩擦镜面和断层擦痕

拍摄对象GPS点: 45°48′40.65″N, 84°37′13.80″E

(c)构造透镜体断层擦痕

拍摄对象GPS点: 45°48′40.65″N, 84°37′13.80″E

(d)构造透镜体、剪切带和断层擦痕

图 2-94 F5 断层附近蛇绿岩套特征

　　图2-95中的构造露头展示了沿着F5断裂南东盘分布的蛇绿岩。该处蛇绿岩经受强烈的压扭剪切作用，岩石破碎严重，构造透镜体大量发育（图5-28a）。构造透镜体被周边的蛇绿岩包围，且在透镜体外围发育有大量剪切带，岩石片理化现象普遍。

(a)蛇绿岩中构造透镜体发育

(b)构造透镜体及周缘剪切带（一）

(c)构造透镜体及周缘剪切带（二）

(d)构造透镜体及周缘剪切带（三）

(e)构造透镜体及周缘剪切带（四）

(f)构造透镜体及周缘剪切带（五）

(g)构造透镜体及周缘剪切带（六）

图 2-95　蛇绿岩剪切带中大型构造透镜体

　　图2-96为F5断裂南东盘沿断层走向分布的蛇绿岩带中所观察到的剪切带和构造透镜体。观察发现，构造透镜体的长轴方向沿着蛇绿岩带中的剪切方向排布，剪切带围绕透镜体发生一定程度的弯曲。在透镜体的断面上，可观察到大量擦痕和少量阶步，擦痕的方向并不十分稳定，但通常为水平擦痕，反映该点处于压扭性应力场环境中（图2-97）。

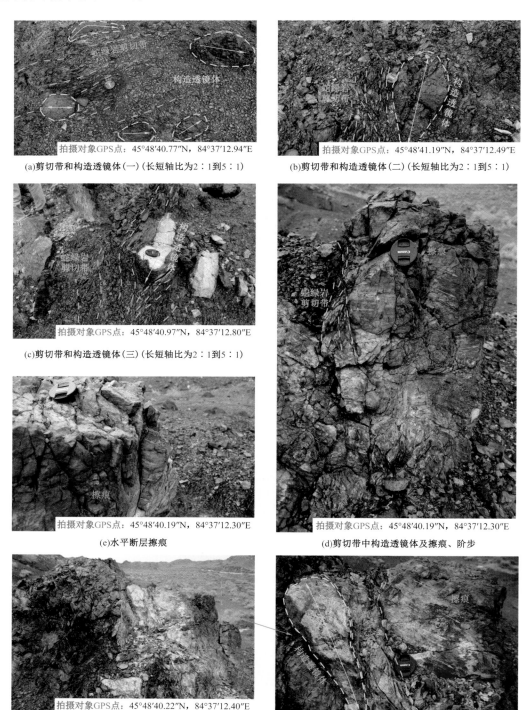

(a)剪切带和构造透镜体（一）（长短轴比为2∶1到5∶1）

(b)剪切带和构造透镜体（二）（长短轴比为2∶1到5∶1）

(c)剪切带和构造透镜体（三）（长短轴比为2∶1到5∶1）

(e)水平断层擦痕

(d)剪切带中构造透镜体及擦痕、阶步

(f)达尔布特断裂带中的构造透镜体、剪切带及断层擦痕

(g)达尔布特断裂带中的构造透镜体、剪切带及断层擦痕局部特写

图2-96　蛇绿岩剪切带中剪切带及小型构造透镜体

拍摄对象GPS点：45°48′39.94″N，84°37′12.04″E　　　拍摄对象GPS点：45°48′40.11″N，84°37′12.42″E

(a)构造片岩和蛇纹石化

拍摄对象GPS点：45°48′40.16″N，84°37′12.36″E　　　拍摄对象GPS点：45°48′40.16″N，84°37′12.36″E

(b)构造透镜体及剪切带

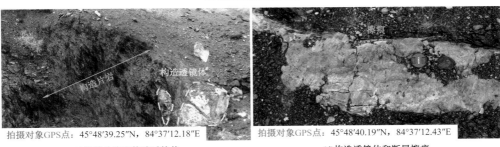

拍摄对象GPS点：45°48′39.25″N，84°37′12.18″E　　　拍摄对象GPS点：45°48′40.19″N，84°37′12.43″E

(c)构造片岩和构造透镜体　　　　　　　　(d)构造透镜体和断层擦痕

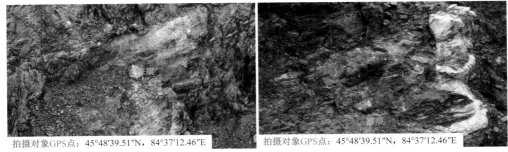

拍摄对象GPS点：45°48′39.51″N，84°37′12.46″E　　　拍摄对象GPS点：45°48′39.51″N，84°37′12.46″E

(e)水平断层擦痕和阶步

图 2-97　蛇绿岩剪切带中剪切带及构造透镜体

　　如图 2-98 所示，F5 断裂带中剪切带普遍发育，岩石在压扭剪切作用下强烈变形，岩石破碎程度很高，可观察到较多的岩石片理化现象。沿剪切带分布的方向，还可观察到大量的构造岩，在断面上发育大量断层擦痕，沿断面发育的蛇纹石表面亦可见擦痕。擦痕方向未能直接指示 F5 断裂两盘的运动方向，但这些擦痕普遍为水平擦痕，反映了压扭性的应力背景。

拍摄对象GPS点：45°48′39.15″N，84°37′11.85″E

(a)剪切带和岩石片理化

拍摄对象GPS点：45°48′38.90″N，84°37′11.77″E

(b)断层擦痕

拍摄对象GPS点：45°48′42.07″N，84°37′12.10″E

(c)蛇纹石及其表面断层擦痕

拍摄对象GPS点：45°48′50.81″N，84°37′21.47″E

拍摄对象GPS点：45°48′50.95″N，84°37′21.42″E

(d)构造岩：萤石

拍摄对象GPS点：45°48′56.15″N，84°37′29.67″E

(g)蛇绿岩中剪切带

拍摄对象GPS点：45°48′56.15″N，84°37′29.67″E

(h)断裂带及沿断面发育的蛇纹石

图 2-98　构造岩的蛇纹石化、片理化

三、科克呼拉露头区综合认识

科克呼拉露头野外勘察主要集中在克拉玛依市西侧的达尔布特断裂一带,观察内容主要包括达尔布特断裂的断裂带结构特征、断层性质、断层识别标志、伴生构造(伴生断层、伴生褶皱等)、脉体充填及沿达尔布特断裂分布的蛇绿岩套等。

通过该路线 A—E 5 个典型构造观察点的野外勘察发现:(1)38km 处达尔布特断裂结构特征明显,可见中央的滑动破碎带和两侧的诱导裂缝带;(2)达尔布特断裂滑动破碎带岩石破碎严重,可见构造片岩及构造透镜体,水平擦痕发育,岩石存在普遍的蛇纹石化现象;(3)伴生小型断层性质与达尔布特断裂相同,均为左旋走滑断层;(4)伴生小褶皱变形复杂,且被断层改造作用明显,岩石片理化现象明显;(5)在花岗岩侵入体中,平剖面上均可见一系列小型断裂或节理组合,其平面组合特征指示左旋压扭性应力场。

第五节　大侏罗沟路线

一、交通、地质概况

大侏罗沟位于克拉玛依市北东方向约30km处,从克拉玛依市出发,经克—白路(红色线条)或伴渠路(紫色线条)向克拉玛依北东方向行驶、后沿便道折向北西方向(蓝色线条)行车共约50分钟即可到达(图2-99、图2-100)。从卫星图像上可以看出,大侏罗沟断层呈南东—北西走向,断面平直延伸长度大于30km,切断并错开扎伊尔山。断层带附近岩石破碎严重,并经受长期风化剥蚀作用,地表上形成冲沟,被定名为大侏罗沟,该断层由此得名。大侏罗沟断层限制或切断石炭系、三叠系、侏罗系、白垩系及花岗岩侵入体,并被第四系覆盖。目前已有一些大侏罗沟的相关研究,然而其构造几何学特征、形成过程和形成机理尚未完全阐明。

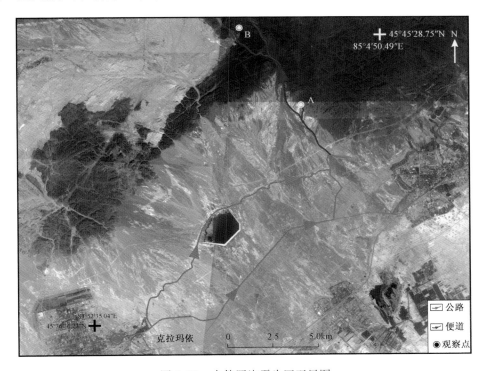

图 2-99　大侏罗沟露头区卫星图

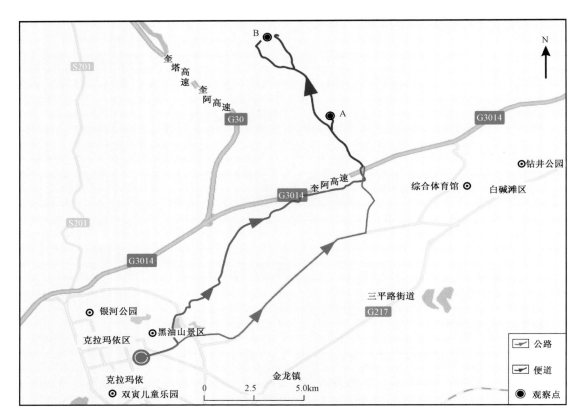

图 2-100 大侏罗沟交通图

本次大侏罗沟路线包含两个观察点,图中分别标示为 A、B。在 A 和 B 两处露头,可观察到大侏罗沟断层的滑动破碎带、诱导裂缝带,以及断层两侧发育的牵引褶皱等次级构造。大侏罗沟地形上为一北西—南东走向的沟谷,与达尔布特断裂呈高角度相交。根据相关文献,认为大侏罗沟为达尔布特断裂伴生的次级断层,由于其与达尔布特断裂平面上呈高角度相交,故其走滑特征与达尔布特断裂(左旋)相反,为右旋走滑。

二、典型露头构造解析

大侏罗沟路线野外勘察对象主要为大侏罗沟的地形地貌特征、断裂带结构特征划分、派生断层或节理的平剖面组合样式、伴生构造(如牵引褶皱)等,根据野外典型露头的构造解析综合分析大侏罗沟断层的断层性质、形成机理,并建立成因模式。

图 2-101 为大侏罗沟断层地形地貌典型露头构造解析图。大侏罗沟断层实为一断裂带,宽度数十米至上百米,沿地貌上的大侏罗沟沿南东—北西走向平直延伸,长度大于 30km。据相关文献资料,大侏罗沟断层为右旋走滑断层。图 2-102 为克拉玛依岩体远景、近景观察结果。

图 2-103、图 2-104 为大侏罗沟 F1 和 F2 断裂带构造露头,露头中观察到多条小型的分支断层,分支断层的厚度可达 80cm,断层内部岩石破碎严重,并有一定片理化现象(图 2-104c、图 2-104d)。

相机GPS点：45°45′48.55″N 84°59′26.90″E 镜头方位：155° 245°

图 2-101 大侏罗沟断层地形典型露头地貌构造解析图

40°

石炭系 克拉玛依岩体 石炭系

相机GPS点：45°45′05.22″N，84°59′09.98″E；拍摄对象GPS点：45°45′17.90″N，84°58′46.45″E；镜头方位：310°

(a)远景

10°

克拉玛依岩体

石炭系 石炭系

相机GPS点：45°45′08.87″N，84°59′03.82″E；拍摄对象GPS点：45°45′17.90″N，84°58′46.45″E；镜头方位：280°

(b)近景

图 2-102 克拉玛依岩体远景、近景图

诱导裂缝带 F1构造透镜体 F1断裂破碎带分界

F1断裂破碎带

拍摄对象GPS点：45°45′06.30″N，84°59′08.47″E 拍摄对象GPS点：45°45′06.41″N，84°59′08.45″E 拍摄对象GPS点：45°45′06.45″N，84°59′08.06″E

(a)断层F1构造露头 (b)断裂带内部构造透镜体 (c)滑动破碎带与诱导裂缝带接触关系

图 2-103 大侏罗沟 F1 断裂带构造露头

图 2-104　大侏罗沟 F2 断裂带构造露头

　　图 2-105 为大侏罗沟 F2 断裂带、局部构造典型露头、构造解析及素描图,其位置见图 2-104a。如图 2-105b、图 2-105c 所示,露头剖面被两个分支断裂带划分为左、中、右 3 个断盘,可将剖面下部一套砾岩作为标志层判断断层的性质和断距。南东侧断层为正断层,断裂带北西倾斜,宽度 0.5m;北西侧断层同为正断层,断裂带南东倾斜,宽度 0.8～1.0m。剖面上部地层构造节理极度发育,为两条分支断裂的诱导裂缝带。

　　图 2-106 为大侏罗沟北西端花岗岩体和花岗岩脉侵入体发育特征(位置见图 2-99 中 B 点)。图 2-99 中 B 点为花岗岩侵入体的出露点(图 2-106d),在花岗岩体与石炭系边界可观察到明显的侵入接触关系,可知花岗岩体的形成时间晚于石炭纪。在石炭系内部局部可见花岗岩侵入脉体,有的呈现共轭关系,可推断岩脉为沿着石炭系内部早期形成的共轭剪节理发育而成。

　　图 2-107 为大侏罗沟北西端花岗岩体和花岗岩脉构造露头(位置见图 2-99 中 B 点)。如图 2-106a 至图 2-106c 所示,花岗岩体与石炭系边界可观察到明显的侵入接触关系,由此可推知花岗岩体的形成时间晚于石炭纪。此外,石炭系中还观察到少量链状的泉水或植被带,推测为沿断裂带分布。

　　图 2-108 为大侏罗沟断层北西段花岗岩体内部节理、石英脉典型露头高分辨率照片、构造解析及素描图。该露头中可见大量沿节理发育的石英脉状充填,脉体长度可达数米,宽度 0.5～5.0cm 不等。在露头中石英脉体平面呈现右列式组合样式,据此推断该处为左旋压扭性质。然而,由于露头的尺度局限性,并不可由此露头推断大侏罗沟断层的走滑旋向。

相机GPS点：45°45′08.65″N，84°58′55.79″E；拍摄对象GPS点：45°45′08.65″N，84°58′55.79″E；镜头方位：230°

(a)典型露头高分辨率照片

相机GPS点：45°45′08.65″N，84°58′55.79″E；拍摄对象GPS点：45°45′08.65″N，84°58′55.79″E；镜头方位：230°

(b)构造解析

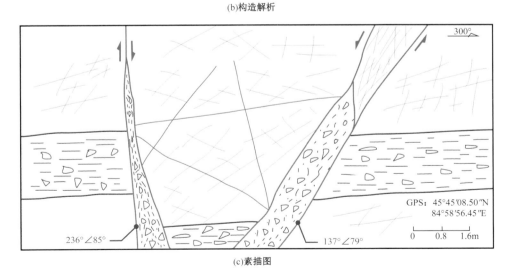

(c)素描图

图 2-105 大侏罗沟 F2 断裂带局部构造典型露头、构造解析及素描图

(a)石炭系中共轭交切的花岗岩脉及构造解析

(b)花岗岩脉(宽度约50cm)及构造解析

(c)石炭系中花岗岩侵入岩脉及构造解析

(d)侵入岩体与石炭系接触边界及构造解析

图2-106 大侏罗沟北西端花岗岩体和花岗岩脉侵入体发育特征

(a)花岗岩体边界及构造解析

(b)花岗岩体与石炭系接触边界及构造解析

(c)石炭系中花岗岩侵入岩体及构造解析

(d)石炭系中沿断裂分布的泉水及构造解析

图2-107　大侏罗沟侵入体发育特征

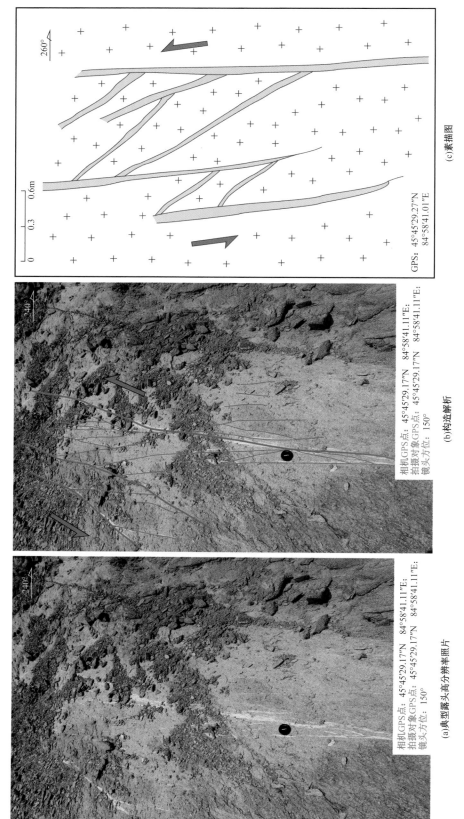

(c)素描图

GPS: 45°45′29.27″N
84°58′41.01″E

相机GPS点: 45°45′29.17″N 84°58′41.11″E;
拍摄对象GPS点: 45°45′29.17″N 84°58′41.11″E;
镜头方位: 150°

(b)构造解析

相机GPS点: 45°45′29.17″N 84°58′41.11″E;
拍摄对象GPS点: 45°45′29.17″N 84°58′41.11″E;
镜头方位: 150°

(a)典型露头高分辨率照片

图2-108 大休罗沟断层北段西段花岗岩体内部节理、石英脉典型露头高分辨率照片、构造解析及素描图

图 2-109 为大侏罗沟北西端石炭系 F3 断裂带小型推覆体（位置见图 2-99 中 B 点）。图 2-109a 为北西—南东方向构造剖面，近平行于 F3 断裂带的走向，尽管难以直观地观察到 F3 断裂带沿主应力方向的构造特征，但仍可观察到 F3 断裂带结构特征。如图 2-109b 所示，剖面下部粗红线为解析出的 F3 主断层面，其上部细红线为解析出的 3 条小型分支断层，其中 F3 分支断层 f1 与 F3 主断层面之间为一长短轴比约 6：1 的构造透镜体。

图 2-110a 中对 F3 断裂带进行侧向观察，根据断面产状，上下盘间相对运动关系，可判断 F3 断裂带为小型逆冲断层，沿断层面（图 2-110b）有厚约 5～25cm 的断层岩，为局部滑动破碎带，其上下均为诱导裂缝带。

相机GPS点：45°44′52.90″N，84°59′44.05″E；
拍摄对象GPS点：45°44′53.16″N，84°59′44.22″E；
镜头方位：10°

(a)典型露头高分辨率照片

相机GPS点：45°44′52.90″N，84°59′44.05″E；
拍摄对象GPS点：45°44′53.16″N，84°59′44.22″E；
镜头方位：10°

(b)构造解析

图 2-109　大侏罗沟北西端石炭系 F3 断裂带小型推覆体

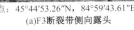

拍摄对象GPS点：45°44′53.26″N，84°59′43.61″E

(a)F3 断裂带侧向露头

拍摄对象GPS点：45°44′53.15″N，84°59′43.76″E

(b)F3 断裂带断层面

图 2-110　大侏罗沟 F3 断裂带小型推覆体局部构造特征

　　大侏罗沟断层破碎带及地层接触关系如图 2-111 所示。图 2-111a 为大侏罗沟断裂带结构特征划分，包含中央的滑动破碎带和其北东盘、南西盘的诱导裂缝带，其内部的滑动破碎带岩石破碎严重，局部片理化现象发育(图 2-111b)。图 2-111c 和图 2-111d 分别为大侏罗沟北东盘石炭系与南西盘三叠系克拉玛依组和侏罗系八道湾组之间的接触关系。在大侏罗沟侏罗系局部露头中，还可观察到油砂发育(图 2-111e)。

(a)大侏罗沟断层断裂带结构特征划分

(b)大侏罗沟断层破碎带(右旋走滑)

(c)石炭系与三叠系断层接触关系(右旋走滑)

(d)石炭系与侏罗系断层接触关系(右旋走滑)

(e)侏罗系油砂

(f)石炭系断层破碎带

图 2-111　大侏罗沟断层破碎带及地层接触关系

　　根据卫星图像解释及野外实地勘察，石炭系与三叠系和侏罗系为右旋走滑断层接触，断层走向为北西—南东向，与北东—南西走向的达尔布特断裂带呈大角度相交，与达尔布特断裂带的左旋性质相反(图 2-99、图 2-100)。断层南西盘的三叠系克拉玛依组和侏罗系八道湾组受到北东盘石炭系右旋走滑的应力控制而形成了牵引褶皱(图 2-112)，牵引褶皱的方向进一步印证了大侏罗沟右旋走滑的断层特征。

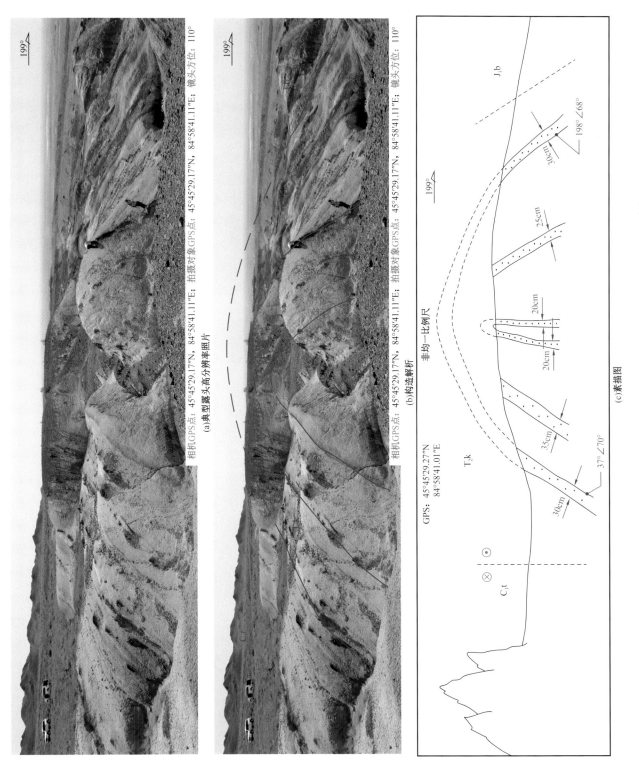

相机GPS点: 45°45′29.17″N, 84°58′41.11″E; 拍摄对象GPS点: 45°45′29.17″N, 84°58′41.11″E; 镜头方位: 110°

(a)典型露头高分辨率照片

相机GPS点: 45°45′29.17″N, 84°58′41.11″E; 拍摄对象GPS点: 45°45′29.17″N, 84°58′41.11″E; 镜头方位: 110°

(b)构造解析

(c)素描图

图2-112　大侏罗沟断层中段局部牵引褶皱露头高分辨率照片、构造解析及其素描图

图 2-112 为大侏罗沟断层中段局部牵引褶皱露头高分辨率照片、构造解析及素描图。图中可观察到北侧大侏罗沟主断面北西—南东向近直线延伸,断层北东盘地层为石炭系,南西盘地层则为三叠系和侏罗系。在断层南西盘地层中紧邻大侏罗沟断层的位置观察到多个小型褶皱的典型构造剖面,剖面中三叠系和侏罗系形成一紧闭背斜,两翼产状均较陡,约 70°,远高于远离大侏罗沟断层的同时代地层(倾角 20°～30°,南东倾向)。由此,可推断该背斜为大侏罗沟断层走滑运动过程中形成的牵引褶皱。

图 2-113 为大侏罗沟断层断层面局部露头构造,可观察到沿断层面摩擦镜面和断层擦痕大量发育,其中,断层擦痕多为水平运动方向,指示大侏罗沟断层应以走滑性质为主。由于大侏罗沟断层的构造复杂性和露头观察的局限性,难以根据杂乱的断层擦痕方向判断大侏罗沟断层的旋向。

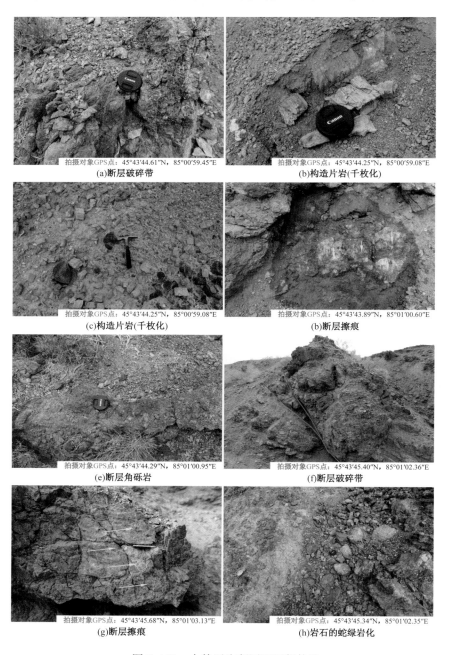

拍摄对象GPS点:45°43′44.61″N, 85°00′59.45″E
(a)断层破碎带

拍摄对象GPS点:45°43′44.25″N, 85°00′59.08″E
(b)构造片岩(千枚化)

拍摄对象GPS点:45°43′44.25″N, 85°00′59.08″E
(c)构造片岩(千枚化)

拍摄对象GPS点:45°43′43.89″N, 85°01′00.60″E
(b)断层擦痕

拍摄对象GPS点:45°43′44.29″N, 85°01′00.95″E
(e)断层角砾岩

拍摄对象GPS点:45°43′45.40″N, 85°01′02.36″E
(f)断层破碎带

拍摄对象GPS点:45°43′45.68″N, 85°01′03.13″E
(g)断层擦痕

拍摄对象GPS点:45°43′45.34″N, 85°01′02.35″E
(h)岩石的蛇绿岩化

图 2-113　大侏罗沟断层面局部构造

　　图 2-114a 为大侏罗沟北东盘石炭系和南西盘三叠系、侏罗系之间的断层接触关系,三叠系、侏罗系中可见明显的牵引褶皱。图 2-114b 为大侏罗沟石炭系断层破碎带,内部岩石破碎程度较高(图 2-114d、图 2-114e),节理发育,并可观察到 X 型共轭剪节理(图 2-114c)。断裂带内部还可观察到大量的断层擦痕,其中,断层擦痕多为水平运动方向,指示大侏罗沟断层应以走滑性质为主。

相机GPS点：45°43'10.55"N, 85°01'37.32"E；拍摄对象GPS点：45°43'11.60"N, 85°01'36.08"E；镜头方位：335°

(a)大侏罗沟断层边界

相机GPS点：45°43'09.52"N, 85°01'38.09"E；拍摄对象GPS点：45°43'09.35"N, 85°01'38.09"E；镜头方位：130°

(b)大侏罗沟断层破碎带

(c)X型剪节理　　　　　　　　　　　　　　(d)断层破碎带(一)

拍摄对象GPS点：45°43'10.58"N, 85°01'37.23"E　　　　拍摄对象GPS点：45°43'10.63"N, 85°01'37.31"E

(e)断层破碎带(二)　　　　　　　　　　　(f)断层破碎带及擦痕

图 2-114　大侏罗沟断层破碎带、擦痕和节理等

　　与图 2-112 中解析出的三叠系、侏罗系牵引褶皱相对应,图 2-115a、图 2-115d 为该牵引褶皱的平面侧视图,图中北东盘为石炭系,南西盘为三叠系的平面展布解析,地层的走向由靠近断层的近东西向逐渐转变为远离断层的北东—南西向。图 2-115e 可观察到沿断层面摩擦镜面和断层擦痕大量发育,其中,断层擦痕多为水平运动方向,指示大侏罗沟断层应以走滑性质为主。由于大侏罗沟断层的构造复杂性和露头观察的局限性,难以根据杂乱的断层擦痕方向判断大侏罗沟断层的旋向。

图 2-115　大侏罗沟断层边界及牵引构造

根据影像反射特征,可解析出大侏罗沟断层南西盘三叠系、侏罗系及白垩系地层界线由远离断层的北东—南西走向逐渐向大侏罗沟断层附近过渡为北西—南东走向,该现象在右图褶皱剖面组合中亦可观察到(图2-116)。结合文献资料,大侏罗沟断层为右旋走滑断层,故此其北东盘相对南西盘向南东方向水平运动时,南西盘地层在北西盘摩擦力作用下地层发生顺时针弯曲,最终形成现今的牵引褶皱(图2-117、图2-118)。

(a)牵引褶皱交切关系卫星图

(b)褶皱剖面组合1

(c)褶皱剖面组合2

图2-116　大侏罗沟断层牵引构造解析

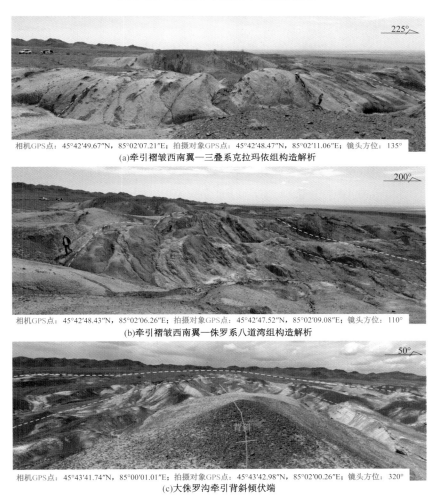

相机GPS点: 45°42′49.67″N, 85°02′07.21″E;拍摄对象GPS点: 45°42′48.47″N, 85°02′11.06″E;镜头方位: 135°
(a)牵引褶皱西南翼—三叠系克拉玛依组构造解析

相机GPS点: 45°42′48.43″N, 85°02′06.26″E;拍摄对象GPS点: 45°42′47.52″N, 85°02′09.08″E;镜头方位: 110°
(b)牵引褶皱西南翼—侏罗系八道湾组构造解析

相机GPS点: 45°43′41.74″N, 85°00′01.01″E;拍摄对象GPS点: 45°43′42.98″N, 85°02′00.26″E;镜头方位: 320°
(c)大侏罗沟牵引背斜倾伏端

图2-117　大侏罗沟断层牵引褶皱

相机GPS点：45°44′02.64″N，85°00′04.69″E
(a)三叠系远景

相机GPS点：45°43′52.64″N，85°00′08.24″E
(b)上克拉玛依组

相机GPS点：45°43′45.05″N，85°00′11.31″E
(c)白碱滩组

拍摄对象GPS点：45°43′44.01″N，85°00′12.33″E
(d)白碱滩组内部小型逆冲断层

拍摄对象GPS点：45°43′38.19″N，85°00′14.38″E
(e)八道湾组底砾岩

拍摄对象GPS点：45°43′22.74″N，85°00′27.21″E
(f)八道湾组上段煤层

相机GPS点：45°42′44.74″N，84°59′59.90″E；
拍摄对象GPS点：45°45′43.90″N，85°00′00.75″E；
镜头方位：130°
(g)三工河组远景

拍摄对象GPS点：45°42′43.87″N，84°59′59.73″E
(h)三工河组局部露头

拍摄对象GPS点：45°41′11.36″N，84°59′54.81″E
(i)西山窑组

拍摄对象GPS点：45°41′11.46″N，84°59′54.25″E
(j)西山窑组煤线

图2-118 大侏罗沟三叠系、侏罗系剖面

三、大侏罗沟露头区综合认识

根据准噶尔盆地西北缘断层平面组合关系,大侏罗沟断层,包括推测的克81井断层与达尔布特断层近于垂直相交,相当于 R' 剪切面,且大侏罗沟断层错动方向(右旋)与达尔布特断层错动方向(左旋)相反,符合 Sylvester 简单剪切模式(图2-119)。

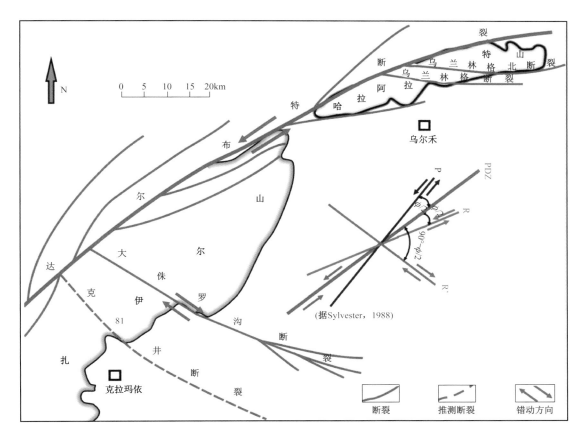

图2-119 大侏罗沟断层力学成因

在断裂形成的时空关系上,利用裂缝充填物中流体包裹体均一温度,结合埋藏史,大致可推算其形成时间。选自大侏罗沟断裂带裂缝充填物,取流体包裹体样品5块,镜下确定12个次生包裹体,通过均一温度测试(表2-6、图2-120),主要存在60°~75C°和115°~125C°两个区间,结合该区埋藏史推算,对应三叠纪末期和白垩纪中期,再根据地震剖面上切割的深度("花状构造"主要发育在三叠系与侏罗系)及平面上对三叠系与侏罗系分布的限制,推测大侏罗沟断裂形成于印支期,在燕山期有强烈活动。

表2-6 大侏罗沟断裂流体包裹体均一温度

序号	矿物类型	包裹体形态	包裹体类型	大小(μm)	分布特征	气液比(%)	均一温度(℃)
1	方解石脉	菱形	盐水	7.61×4.20	簇状	18	62.7℃
2	方解石脉	椭圆形	盐水	4.85×3.70	簇状	16	72.4℃
3	方解石脉	长条形	盐水	5.52×1.60	簇状	6	68.5℃
4	方解石脉	椭圆形	盐水	4.33×2.60	簇状	8	65.4℃

序号	矿物类型	包裹体形态	包裹体类型	大小（μm）	分布特征	气液比（%）	均一温度（℃）
5	方解石脉	椭圆形	盐水	3.01×2.90	簇状	10	65.5℃
6	方解石脉	椭圆形	盐水	3.43×2.80	簇状	8	66.7℃
7	方解石脉	椭圆形	盐水	3.43×2.20	簇状	8	63.2℃
8	方解石脉	椭圆形	盐水	4.33×3.60	孤立	15	123.8℃
9	方解石脉	菱形	盐水	6.33×4.60	孤立	20	125.1℃
10	方解石脉	椭圆形	盐水	4.25×3.70	孤立	18	122.7℃
11	方解石脉	椭圆形	盐水	3.21×2.20	孤立	16	124.6℃
12	石英脉	长条形	盐水	3.25×1.60	孤立	8	115.0℃

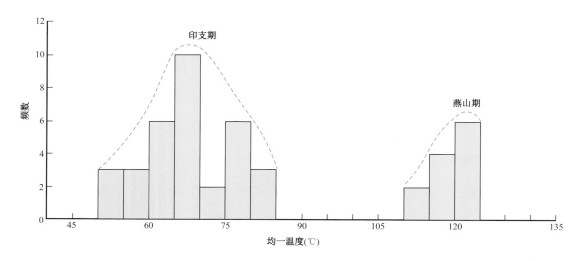

图 2-120　大侏罗沟断裂流体包裹体均一温度

第六节　红山岩体露头区

一、交通、地质概况

红山岩体露头区位于克拉玛依市北东方向约60km处，从克拉玛依市出发，经由G3014国道行车约1小时即可到达（图2-121、图2-122）。红山岩体露头平面上呈近椭圆形，长轴北东方向约12km，短轴南东方向约12km，总面积约22.14km²。其北西紧邻达尔布特断裂，由于受达尔布特断裂活动影响，其构造活动强烈，构造特征复杂。红山岩体主体岩性为碱长花岗岩、黑云母石英二长岩和角闪石二长花岗岩，其内部还发育多组侵入体形成的岩脉，其内部结构及相互交切关系复杂。目前已有少量红山岩体的相关研究，然而其构造几何学特征、形成过程和形成机理尚不清楚。

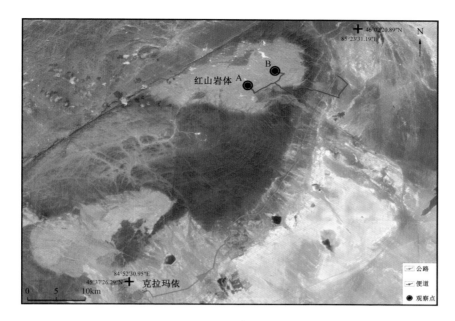

图 2-121 红山岩体路线卫星图

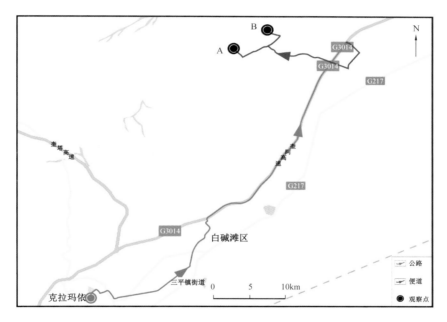

图 2-122 红山岩体路线交通图

二、典型露头构造解析

红山岩体露头区观察对象主要为红山岩体及其内部大量发育的侵入脉体和断裂带,重点观察各条脉体和断裂带的内部结构特征,测量其产状、宽度等参数进行定量评价;其次,通过卫星定位系统,定量刻画脉体和断裂带的平面分布特征,并根据其相互交切关系判断脉体和断层的发育先后顺序,进而结合达尔布特断裂带的几何学特征,综合分析脉体和断裂带的形成机理,并建立成因模式。

图 2-123 为红山岩体内部 M1 花岗岩脉、捕虏体,脉体走向大致为 153°,脉体宽度 10~15cm,平面上直线状延伸数十米(图 2-123a、图 2-123b)。花岗岩体内部也可观察到少量捕虏体(图 2-123c)。

相机GPS点：45°56′34.46″N，85°8′52.16″E；拍摄对象GPS点：45°56′34.53″N，85°8′52.13″E；镜头方位：335°

(a)M1花岗岩脉(走向153°)

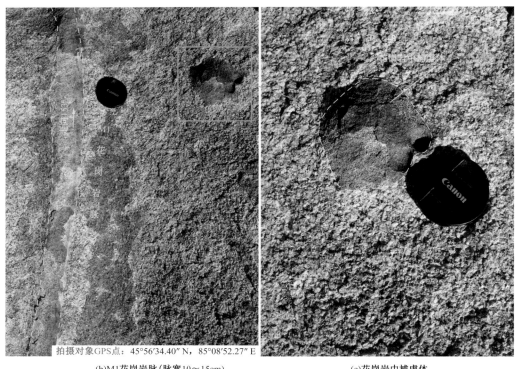

拍摄对象GPS点：45°56′34.40″N，85°08′52.27″E

(b)M1花岗岩脉(脉宽10～15cm)　　　　　　　　(c)花岗岩中捕房体

图 2-123　红山岩体内部 M1 花岗岩脉、捕房体

　　图 2-124 为红山岩体中 M2 花岗岩脉展布及内部节理特征,脉体走向为 155°（337°）,脉体宽度为 5～35cm。脉体内部发育大量节理,最小的节理间距为 1～2cm。根据节理的走向及其与脉体两侧边界的夹角,可将脉体内部节理分为两个节理组,两个节理组之间组成 X 型共轭剪节理,根据共轭剪节理的锐夹角的方向可判断出主应力方向应为北西—南东方向。

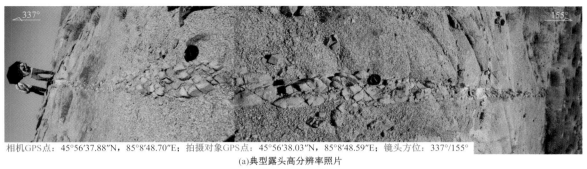

相机GPS点：45°56'37.88"N，85°8'48.70"E；拍摄对象GPS点：45°56'38.03"N，85°8'48.59"E；镜头方位：337°/155°

(a)典型露头高分辨率照片

相机GPS点：45°56'37.88"N，85°8'48.70"E；拍摄对象GPS点：45°56'38.03"N，85°8'48.59"E；镜头方位：337°/155°

(b)构造解析

图 2-124 红山岩体 M2 花岗岩脉展布及内部节理特征

图 2-125、图 2-126 为红山岩体 M2 花岗岩脉内部节理特征的精细刻画。如图 2-126b 和图 2-126c 所示，M2 脉体内部发育大量节理，节理走向有两组，分别为 276° 和 350°。两个节理组并组成 X 型共轭剪节理，根据共轭剪节理的锐夹角的方向可判断出主应力方向与脉体延伸方向近平行，即北西—南东方向。此外，脉体内部局部（图 2-126b、图 2-126c 下端）也可见左列排布的节理。

图 2-127 也为红山岩体中 M2 花岗岩脉内部节理特征的精细刻画。如图 2-127b 和图 2-127c 所示，红山岩体和 M2 脉体内部发育大量节理，节理走向有两组，分别为北西—南东向和近东西向。两个节理组构成 X 型共轭剪节理，根据共轭剪节理的锐夹角的方向可判断出主应力方向为北西—南东方向。

图 2-124 为红山岩体野外勘察路线中观察到的第二条花岗岩脉，平面上近直线状延伸，北西—南东走向（155° 或 337°），脉体宽度数厘米到数十厘米不等。脉体内部岩石成分为花岗岩，然而其形成时期较红山岩体形成时间要晚。脉体内部发育大量剪节理，节理面较为平直，同向的节理相互间近平行排布。为揭示该观察点脉体内部节理的形成机理，关键在于明确该区的构造应力背景，故此通过高精度的野外观察、解析，对 M2 脉体内部的节理发育特征进行精细刻画（图 2-125、图 2-126、图 2-127）。图 2-125 为 M2 脉体内部剪节理发育强度和组合形式判别，野外观察发现：沿 M2 脉体平面延伸方向，剪节理密集发育，密度最大处可达 7~9 条 /10cm；且局部可观察到 X 型剪节理或羽列状剪节理。可通过测量 X 型剪节理的产状来分析主应力方向，并可通过分析羽列状剪节理的排布方式（如左列或右列）来推断构造应力场的旋扭方向。

图 2-126 为脉体 M2 内部发育的一系列剪节理，根据节理的走向可将其大致分为 3 组节理，分别为：350°~20°、265°~275° 和 310°~320°。这 3 组节理相互间组合形成了两套 X 型剪节理，根据节理间锐夹角的平分线方向可判断主应力方向应为近垂直于 M2 脉体的延伸方向。此外，M2 脉体内部剪节理在局部呈现为羽列状，间距 3~6cm 不等；通过大量观察发现为左列式羽状分布，故可推断此处为右旋压扭应力场。图 2-127 为脉体 M2 内部发育羽列状节理，间距 5~10cm 不等，其左列式羽状排布指示其形成后受到右旋压扭性应力改造。

图 2-128 为红山岩体野外勘察路线中 M2 岩脉附近观察到的一系列脉体和节理的平面展布及组合特征。红山岩体中节理大量发育，节理面平直、延伸较远，节理近平行且间距较为稳定，故此应为剪节理。

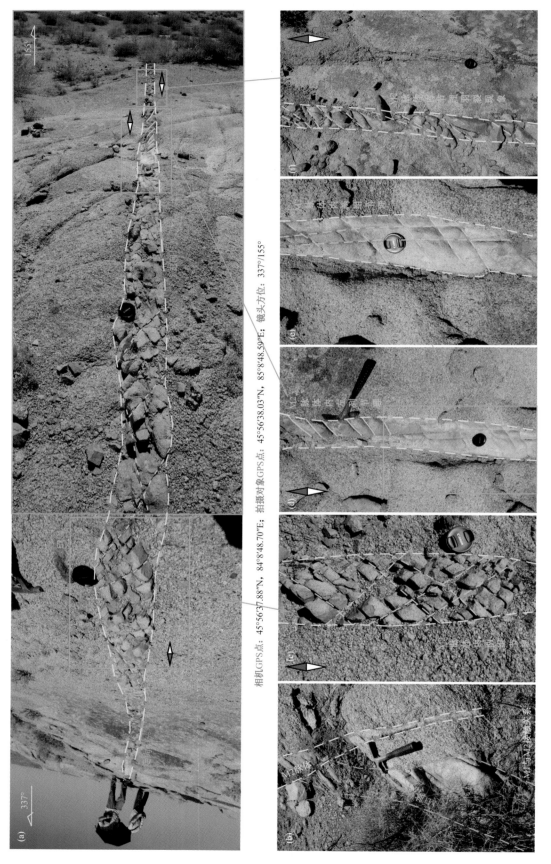

相机GPS点：45°56′37.88″N，84°8′48.70″E；拍摄对象GPS点：45°56′38.03″N，85°8′48.59″E；镜头方位：337°/155°

图2-125　红山岩体M2花岗岩脉内部节理特征精细刻画（一）

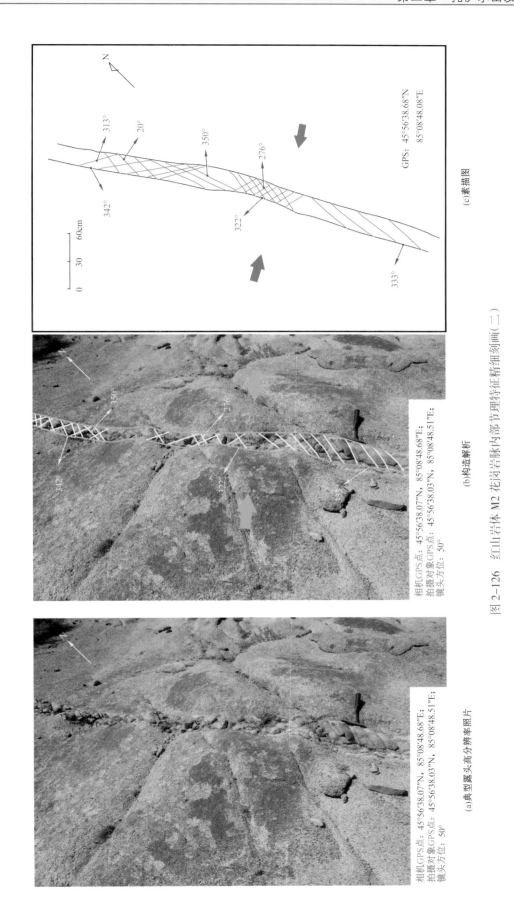

相机GPS点：45°56′38.07″N，85°08′48.68″E；
拍摄对象GPS点：45°56′38.03″N，85°08′48.51″E；
镜头方位：50°

(c)素描图

相机GPS点：45°56′38.07″N，85°08′48.68″E；
拍摄对象GPS点：45°56′38.03″N，85°08′48.51″E；
镜头方位：50°

(b)构造解析

相机GPS点：45°56′38.07″N，85°08′48.68″E；
拍摄对象GPS点：45°56′38.03″N，85°08′48.51″E；
镜头方位：50°

(a)典型露头高分辨率照片

图 2-126 红山岩体 M2 花岗岩脉内部节理特征精细刻画（二）

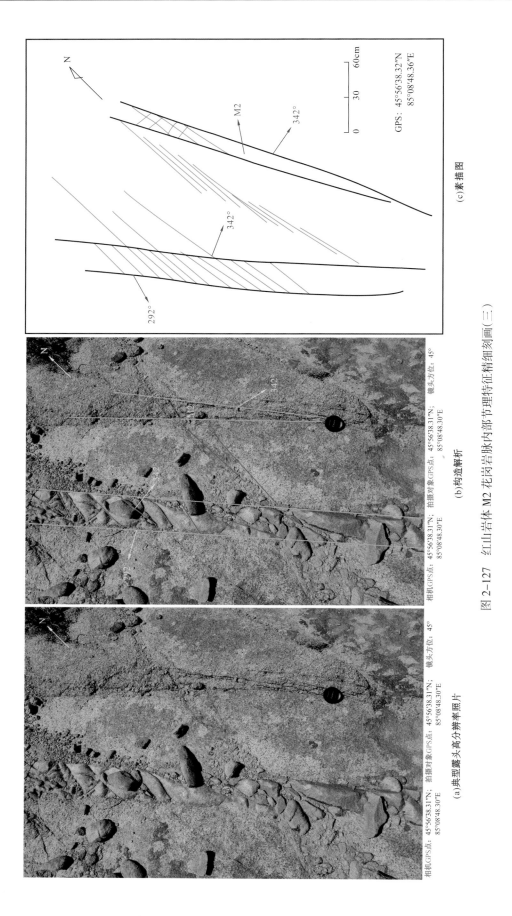

(c)素描图

(b)构造解析

(a)典型露头高分辨率照片

图2-127 红山岩体M2花岗岩脉内部节理特征精细刻画(三)

相机GPS点：45°56′38.46″N，85°8′48.46″E；拍摄对象GPS点：45°56′38.28″N，85°8′48.59″E；镜头方位：169°

(a)M2脉体与X型共轭剪节理

相机GPS点：45°56′38.27″N，85°8′48.44″E；拍摄对象GPS点：45°56′38.23″N，85°8′48.34″E；镜头方位：261°

(b)脉体两侧雁列状节理

相机GPS点：45°56′38.30″N，85°8′48.26″E；拍摄对象GPS点：45°56′38.30″N，85°8′48.26″E

(c)脉体两侧雁列状节理

图 2-128　节理交切和羽列现象

根据节理产状的实地测量可将此处所发育的节理分为两种组合形式。

（1）X型剪节理：不同走向的两个节理组相交形成 X 型剪节理。根据 X 型剪节理锐夹角方向可判断主应力（压应力）方向，而钝夹角方向则为张应力方向；

（2）雁列式剪节理：沿较大的脉体或节理两侧，观察到大量雁列式剪节理。这些剪节理相互间近平行，沿走向有一定的延伸。根据其平面延伸情况，判断为左列式剪节理，其应力背景应为右旋压扭应力场。

根据应力的分解和合并，可知此处 X 型剪节理和雁列式剪节理的构造应力场相互吻合，为解析该处岩脉和岩体的构造变形提供了应力条件。

图 2-129 为红山岩体内部侵入脉体 M2 花岗岩脉与 M3 辉绿岩脉相互交切关系。从图中可观察到，侵入脉体 M2（花岗岩脉）被侵入脉体 M3（辉绿岩脉）错断，并呈现明显的水平位移，即走滑断距。脉体 M3 为辉绿岩脉，宽 2m；脉体 M2 为花岗岩脉，宽 7～22cm，被垂直于其走向的脉体 M3 错断水平位移 23cm。根据脉体 M3 两侧 M2 水平位移的方向，可知该处为左旋走滑性质。局部发育羽列状节理，间距 5～10cm 不等，其左列式羽状排布指示其形成后受到右旋压扭性应力改造。

相机GPS点：45°56′38.67″N，85°08′47.55″E；拍摄对象GPS点：45°56′38.95″N，85°08′47.78″E；镜头方位：40°
(a)典型露头高清晰度照片

相机GPS点：45°56′38.67″N，85°08′47.55″E；拍摄对象GPS点：45°56′38.95″N，85°08′47.78″E；镜头方位：40°
(b)构造解析

图 2-129 红山岩体内部侵入脉体 M2 花岗岩脉与 M3 辉绿岩脉间交切关系

图 2-130 为红山岩体 M4 花岗岩脉发育特征，平面上近直线状延伸，北西—南东走向（138° 或 318°），脉体宽度数十厘米不等。脉体内部岩石成分为花岗岩，然而其形成时期较红山岩体要晚。脉体内部发育大量剪节理，节理面较为平直，同向的节理相互间近平行排布，且局部可观察到 X 型剪节理或羽列状剪节理。可通过测量 X 型剪节理的产状来分析主应力方向，并进行应力合成，可推断 M4 岩脉形成之后经受右旋压扭应力的改造，形成了现今观察到的 X 型剪节理和羽状节理。

相机GPS点：45°56′39.20″N，85°8′46.50″E；拍摄对象GPS点：45°56′38.84″N，85°8′46.89″E；镜头方位：140°

(a)北西—南东走向的M4脉体

相机GPS点：45°56′38.99″N，85°8′46.69″E；拍摄对象GPS点：45°56′38.99″N，85°8′46.69″E；镜头方位：230°

(b)M4脉体及内部左列节理

拍摄对象GPS点：45°56′38.25″N，85°08′47.66″E　　拍摄对象GPS点：45°56′38.25″N，85°08′47.66″E　　拍摄对象GPS点：45°56′38.13″N，85°08′47.85″E

(c)脉体内部左列节理　　　　　　(d)X型剪节理和应力分析　　　　　　(e)脉体宽度测量

图 2-130　红山岩体中 M4 花岗岩脉发育特征

图 2-131 为红山岩体中 M4 花岗岩脉两侧雁列状节理。该露头中发育多组节理,节理的走向为北西—南东向,节理在平面上呈现左列和右列的雁列状分布,分别反映了右旋和左旋的剪切应力背景。对两组剪切应力进行力学分析可推断主应力应为北西—南东方向。

 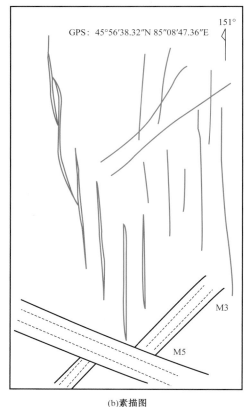

相机GPS:45°56′38.34″N,85°08′47.44″E
拍摄对象GPS点:45°56′38.32″N,85°08′47.46″E　镜头方位:155°

(a)雁列状节理构造解析　　　　　　　　　　(b)素描图

图 2-131　红山岩体中 M4 花岗岩脉两侧雁列状节理

图 2-132 为红山岩体中 M2、M4 花岗岩脉与 M3 辉绿岩脉间的交切关系。M3 辉绿岩脉近北东 45° 走向,脉体宽度普遍在 2m 以上。M2 花岗岩脉宽度 7～22cm,走向为北西 342°;M4 花岗岩脉宽度 10～12cm,走向为北西 331°。M2、M4 两条岩脉呈近平行排布,且均被 M3 辉绿岩脉错断,最大错断距离为 3m,故可知 M2、M4 岩脉形成时间早于 M3 辉绿岩脉。

图 2-133 为红山岩体中 M5 闪长玢岩岩脉及其与 M3 辉绿岩脉的相互交切关系。M3 辉绿岩脉近北东 45° 走向,脉体宽度 2～6m;M5 闪长玢岩岩脉宽度 4～6m,走向为北西 290°。M3 辉绿岩脉被 M5 闪长玢岩岩脉切割,故可推知 M5 岩脉形成时间晚于 M3 岩脉。

图 2-134 为红山岩体中 M6 辉绿岩脉野外发育特征。如图 2-134a 所示,M6 为一条走向为 70° 的辉绿岩脉,脉宽为 3～8m。图 7-14b 和图 7-14c 分别为 M6 脉体中辉绿岩的风化现象及新鲜面特征。M6 岩脉的岩性与 M3 岩脉相同,均为辉绿岩,然而就其平面分布位置而言,M6 脉体与 M3 脉体分别位于 M5 闪长玢岩岩脉的南西和北东两侧,并均被 M5 闪长玢岩脉体所切割。

图 2-135 解释了 M3、M6 辉绿岩脉与 M5 闪长玢岩岩脉之间的交切关系。该露头中观察到的 M3 辉绿岩脉为北东 45° 走向,脉体宽度 2～6m,对应于图 2-133 中的 M3 脉体;露头中观察到的 M6 辉绿岩脉为北东 70° 走向,脉体宽度普遍在 3～8m,对应于图 2-134 中的 M6 脉体。

相机GPS点：45°56′38.67″N，85°08′47.55″E；拍摄对象GPS点：45°56′38.95″N，85°08′47.78″E；镜头方位：40°

(a)典型露头高分辨率照片

相机GPS点：45°56′38.67″N，85°08′47.55″E；拍摄对象GPS点：45°56′38.95″N，85°08′47.78″E；镜头方位：40°

(b)构造解析

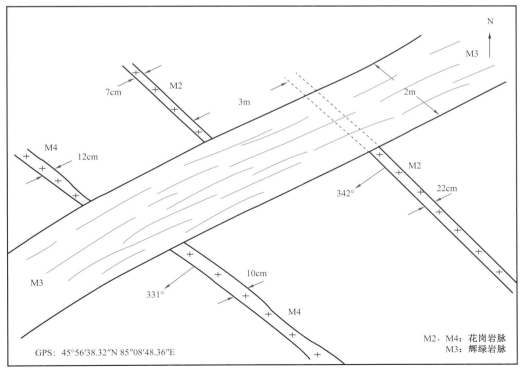

(c)M2、M4与M3交切关系素描图

图2-132 红山岩体中M2、M4花岗岩脉与M3辉绿岩脉间交切关系

相机GPS点：45°56′37.89″N，85°8′44.15″E；拍摄对象GPS点：45°56′37.71″N，85°8′44.60″E；镜头方位：130°

(a)M3辉绿岩脉被M5闪长玢岩岩脉切割

相机GPS点：45°56′37.03″N，85°8′45.87″E；拍摄对象GPS点：45°56′37.71″N，85°8′44.60″E；镜头方位：310°

(b)M3辉绿岩脉被M5闪长玢岩岩脉切割

拍摄对象GPS点：45°56′37.73″N，85°08′44.47″E

(c)北东—南西走向M3辉绿岩脉风化现象

图2-133　红山岩体中M5闪长玢岩岩脉体及其与M3辉绿岩脉的交切关系

相机GPS点：45°56′37.99″N，85°8′41.43″E；拍摄对象GPS点：45°56′38.34″N，85°8′42.43″E；镜头方位：65°

(a) 红山岩体中北东—南西走向的M6辉绿岩脉

拍摄对象GPS点：45°56′37.95″N，85°8′41.06″E

(b) 辉绿岩的风化现象

拍摄对象GPS点：45°56′37.95″N，85°8′41.06″E

(c) 辉绿岩新鲜面

图 2-134　红山岩体中 M6 辉绿岩脉野外发育特征

相机GPS点：45°56′37.95″N，85°8′41.06″E；拍摄对象GPS点：45°56′38.34″N，85°8′42.43″E；镜头方位：80°

(a)典型露头高分辨率照片

相机GPS点：45°56′37.95″N，85°8′41.06″E；拍摄对象GPS点：45°56′38.34″N，85°8′42.43″E；镜头方位：80°

(b)构造解析

图2-135　红山岩体中M3、M6辉绿岩脉与M5闪长玢岩岩脉的交切关系

M6岩脉的岩性与M3岩脉相同，均为辉绿岩，并分别位于M5闪长玢岩岩脉的南西和北东两侧，并均被M5闪长玢岩岩脉体所切割，反映M5的形成时间晚于M3和M6。据M3和M6辉绿岩脉平面分布情况，可推断M3和M6早期为同一条岩脉，但被后期发育的M5闪长玢岩岩脉右旋切割。

通过对比M6与M3脉体的岩性发现，两条脉体均为辉绿岩，且两条脉体的宽度和延伸方向均较为相近，故此推测M6与M3两条辉绿岩脉早期为同一条岩脉，后期M5闪长玢岩脉体发育过程中，经受右旋压扭应力场的改造而被M5脉体错断，进而呈现为现今两条被M5闪长玢岩脉体所限制的M3与M6辉绿岩脉。经过实地估测，M3和M6辉绿岩脉被M5闪长玢岩脉体错断的距离约为40m。

图2-133至图2-136依次展示了红山岩体野外勘察路线中观察到的M1—M8共计8条典型的脉体，对其各自的构造几何学特征进行了解析，并进一步分析了每条脉体或每几条脉体的构造应力背景。根据岩脉的岩性可将8条脉体分为3组：（1）花岗岩脉M1、M2和M4；（2）闪长玢岩岩脉M5；（3）辉绿岩脉M5、M6、M7和M8。据此可初步将红山岩体中8条脉体的发育分为3个期次。然而，仅根据脉体岩性，尚不足以区分3组脉体发育的先后顺序。

为明确3组脉体的发育期次，图2-137将红山岩体中所勘察的M1—M8共8条脉体根据其空间相对位置及各自产状测量结果按照概率性的比例尺进行构造解析。根据脉体的走向分析，可知花岗岩脉M1、M2

相机GPS点：45°56′43.33″N, 85°8′40.53″E；拍摄对象GPS点：45°56′43.31″N, 85°8′40.20″E；镜头方位：265°

(a) M7辉绿岩脉的右列现象

相机GPS点：45°56′42.77″N, 85°8′43.56″E；拍摄对象GPS点：45°56′42.20″N, 85°8′43.31″E；镜头方位：194°

(b) M8辉绿岩脉的右列现象

图 2-136　红山岩体中 M7、M8 辉绿岩脉雁列式展布

和 M4 为北西—南东走向，辉绿岩脉 M3、M5、M7 和 M8 为北东—南西走向，闪长玢岩岩脉 M5 为北西—南东走向，岩性相同的脉体之间以近平行的方式排布。

　　按照早期发育脉体往往被后期发育脉体所切割、后期脉体往往被早期脉体所限制的准则，根据 8 条脉体之间的相互交切关系，可进一步判别不同脉体的先后发育顺序。从图 2-137 中观察可知：（1）花岗岩脉

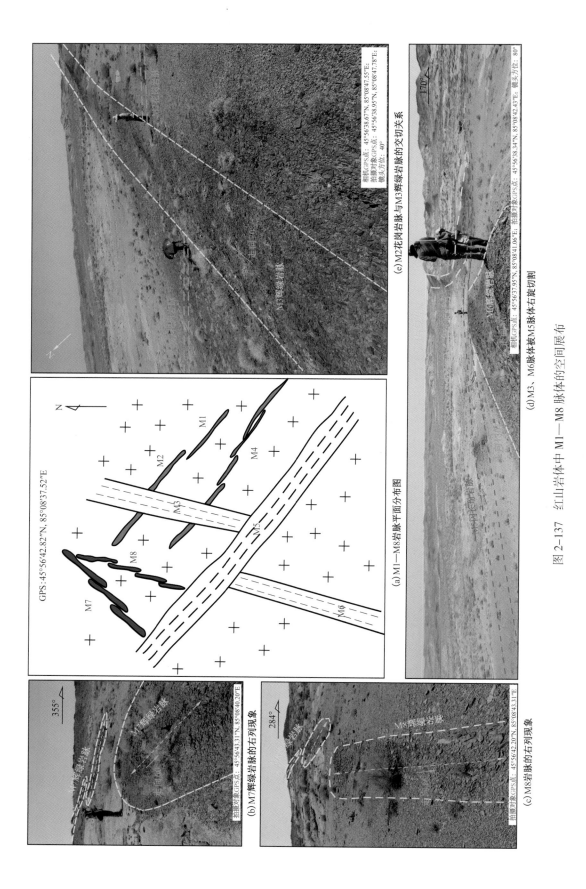

(a)M1—M8岩脉平面分布图

(b)M7辉绿岩脉的右列现象

(c)M8岩脉的右列现象

(d)M3、M6脉体的空间展布

(e)M2花岗岩岩脉与M3辉绿岩脉的交切关系

图2-137　红山岩体中 M1—M8 脉体的空间展布

M1、M2 和 M4 被辉绿岩脉 M3 所切割,故可推断 M3 的形成时间晚于 M1、M2 和 M4;(2)辉绿岩脉 M3 和 M6 分别位于闪长玢岩岩脉 M5 的北东和南西两侧,且岩性相同、产状近平行,认为 M3 和 M6 应为被 M5 切割错断所致,因此可推断 M5 的形成时间晚于 M3 和 M6;(3)辉绿岩脉 M7 和 M8 未直接被其他岩脉切割或限制,故无法直接判断其形成时间,然 M7 与 M8 脉体岩性与 M3 和 M6 相同,其走向亦为北东—南西向,与 M3 和 M6 近平行排列,故可推测 M7、M8 与 M3 和 M6 为同一时期发育的辉绿岩脉(图 2-139)。

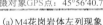

(a)M4花岗岩体左列现象 (b)M4花岗岩体左列现象

图 2-138 红山岩体中 M4 花岗岩脉的左列排布

此外,据图 2-123 至图 2-132 所示,M1、M2 和 M4 3 条花岗岩体的平面分布及其内部剪节理均符合左列式雁列状分布特征(图 2-138),反映右旋压扭构造应力背景,与 M2 脉体被 M3 脉体错断方向吻合;据图 2-133 至图 2-136 所示,M7 和 M8 脉体呈现右列式雁列状分布特征,反映左旋压扭构造应力背景,与脉体 M3、M6 被脉体 M5 错断方向吻合。综合以上几何学分析,可推断 M1—M8 脉体的发育可分为 3 个期次:花岗岩脉 M1、M2 和 M4 最早发育于右旋压扭应力场中,而后被后期发育的辉绿岩脉 M3(M6)切割并呈左旋位移;在 M3(M6)脉体发育的同时,脉体 M7 和 M8 发育于左旋压扭性应力场,但规模远小于 M3(M6);之后 M3(M6)被最新发育的 M5 闪长玢岩岩脉切割并呈右旋位移。

图 2-140 为一条近东西走向的断裂带,此处定名为 F1。F1 断裂带结构特征明显,中央为宽达 6.5m 的滑动破碎带,带内岩石破碎严重,与红山岩体的岩石特征相比发生了明显的破碎后重结晶;其南北两侧为诱导裂缝带,经测量,两盘裂缝密度相近,约为 6 条 /m。图 2-139c 黄色圈点处采集岩石样品两件(Wu029、Wu030),岩石视密度为 2.52～2.56g/cm³,有效孔隙度为 2.0%～2.9%,有效渗透率可达 1.5mD。

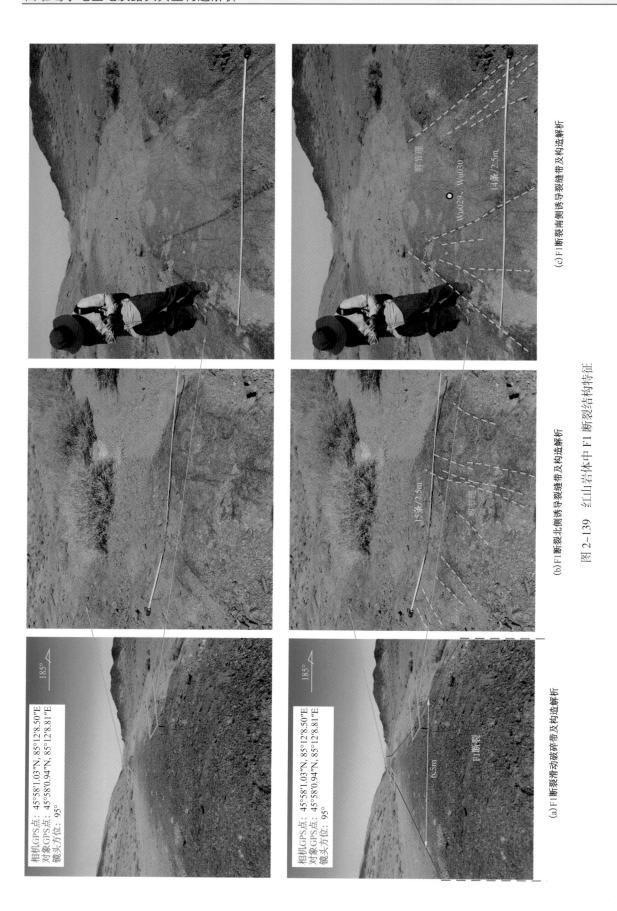

相机GPS点：45°58′1.03″N，85°12′8.50″E
对象GPS点：45°58′0.94″N，85°12′8.81″E
镜头方位：95°

相机GPS点：45°58′1.03″N，85°12′8.50″E
对象GPS点：45°58′0.94″N，85°12′8.81″E
镜头方位：95°

185°

185°

6.5m

F1断裂

15条/2.5m

剪节理

剪节理

Wu029、Wu030

14条/2.5m

(a) F1断裂滑动破碎带及构造解析

(b) F1断裂北侧诱导裂缝带及构造解析

(c) F1断裂南侧诱导裂缝带及构造解析

图2-139　红山岩体中F1断裂结构特征

相机GPS点：45°58′1.03″N，85°12′8.50″E
对象GPS点：45°58′0.94″N，85°12′8.81″E
镜头方位：95°

(a) F1断裂滑动破碎带

(b) F1断裂北侧诱导裂缝带

(c) F1断裂南侧诱导裂缝带

图2-140　红山岩体中 F1 断裂结构特征

在与F1断裂近垂直的方向,即近南北向,发育一条闪长玢岩岩脉,定名为M9(图2-141a)。以F1断裂为参照物,M9闪长玢岩脉体位于F1断裂南北两侧,并被F1断裂带右旋切割,M9脉体被错断距离约为80m(图2-141b)。根据M9脉体被F1断裂带切割的位错方向,可判断F1断裂带是在右旋走滑的应力背景下发育的。

相机GPS点:45°58'1.03″N, 85°12'8.50″E;对象GPS点:45°58'0.94″N, 85°12'8.81″E;镜头方位:95°

(a)F1断裂及M9脉体

相机GPS点:45°58'1.70″N, 85°12'12.72″E;对象GPS点:45°58'0.84″N, 85°12'13.77″E;镜头方位:120°

(b)M9闪长玢岩岩脉被F1断裂带右旋切割

相机GPS点:45°58'0.48″N, 85°12'13.49″E;对象GPS点:45°58'0.48″N, 85°12'13.49″E;镜头方位:130°

(c)M9闪长玢岩岩脉　　　　　　　　(d)闪长玢岩风化岩石

图2-141　红山岩体中M9闪长玢岩被F1断裂带错断现象

图 2-142a 中包含近东西走向的断裂带 F1 和近南北走向的闪长玢岩岩脉 M9。F1 断裂带结构特征明显，中央为滑动破碎带，带内岩石破碎严重；在与 F1 断裂近垂直的方向，发育近南北向的闪长玢岩岩脉 M9，脉宽数米到 12.6m。以 F1 断裂带为参照物，M9 闪长玢岩脉体位于 F1 断裂带南北两侧，被 F1 断裂带右旋切割并呈现出约为 80m 的错断距离（图 2-142b）。此外，M9 闪长玢岩岩脉沿其走向呈现出一定的左列现象，反映出沿着 M9 岩脉走向同样为右旋剪切应力（图 2-142c）。

相机GPS点：45°58′4.82″N，85°12′18.28″E；对象GPS点：45°58′2.04″N，85°12′17.12″E；镜头方位：200°

(a) 被F1断裂带切割

相机GPS点：45°58′2.04″N，85°12′17.12″E；对象GPS点：45°58′0.87″N，85°12′15.33″E；镜头方位：216°

(b) M9闪长玢岩岩脉错断距离（约80m）

相机GPS点：45°58′5.93″N，85°12′17.87″E；对象GPS点：45°58′5.75″N，85°12′17.92″E；镜头方位：355°

(c) M9脉体左列现象

图 2-142　红山岩体中 M9 闪长玢岩被 F1 断裂带错断及 M9 脉体的左列现象

图 2-143 为 F1 断裂带与 M9 闪长玢岩岩脉和 M10 花岗岩脉交切关系。据图 2-143a 所示，近东西走向的 M10 花岗岩脉宽度约为 2.5m，被近南北走向的 M9 闪长玢岩岩脉错断，东侧 M10 脉体相对西侧 M10 脉体发生了北向位移，在平面上呈现左旋特征。据图 2-143b 所示，M10 花岗岩脉被 M9 闪长玢岩岩脉错断，呈现左旋特征，而 M9 闪长玢岩岩脉又被近东西走向的 F1 断裂带错断，平面上呈现右旋走滑特征。根据以上现象，可以推断 F1、M9 和 M10 的发育期次及相互联系为：M10 花岗岩脉最早形成，被后期形成的 M9 闪长玢岩岩脉切割，应力背景为左旋压扭应力环境；而 M9 闪长玢岩岩脉进一步被更新的 F1 断裂带切割，应力背景为右旋压扭应力环境。

相机GPS点：45°58′4.42″N，85°12′15.55″E；拍摄对象GPS点：45°58′4.31″N，85°12′16.93″E；镜头方位：95°

(a)M9闪长玢岩岩脉与M10花岗岩脉交切关系

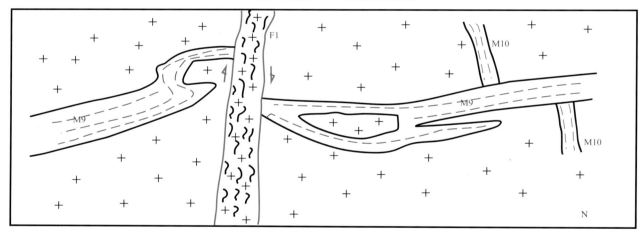

(b)F1断裂、M9岩脉与M10岩脉的平面分布图

图 2-143　F1 断裂带与 M9 闪长玢岩岩脉和 M10 花岗岩脉交切关系

图 2-144 为红山岩体中 F1 断裂带与 M9 闪长玢岩岩脉、M10 花岗岩脉、M12 闪长玢岩岩脉交切关系图。图 2-144a 为 M11 闪长玢岩岩脉的全景野外图片，平面上呈现右列现象（2-144b）。图 2-144c 中，M12 闪长玢岩岩脉被 F1 断裂滑动破碎带错断，据两盘位移判断为右旋走滑，位移约为 88m。这一现象与图 2-142 和图 2-143 中 M9 闪长玢岩岩脉被 F1 断裂带错断现象相似。据此，可进一步推断 M12 与 M9 两条闪长玢岩岩脉为同期形成，且均早于 F1 断裂带的形成时间。

根据以上现象，可以推断 F1、M9、M10、M11、M12 的发育期次及相互联系为：M10 花岗岩脉最早形成，被后期形成的 M9 闪长玢岩岩脉切割，应力背景为左旋压扭应力环境；M12 闪长玢岩岩脉与 M9 同期形成；而 F1 断裂带最晚形成，应力背景为右旋压扭应力环境。

相机GPS点：45°58'14.60"N, 85°12'17.72"E；拍摄对象GPS点：45°58'14.43"N, 85°12'18.16"E；镜头方位：102°

(a) M11闪长玢岩岩脉

相机GPS点：45°58'15.33"N, 85°12'15.40"E；拍摄对象GPS点：45°58'14.43"N, 85°12'18.16"E；镜头方位：10°

(b) M11岩脉的右列现象

相机GPS点：45°57'58.09"N, 85°12'22.30"E；拍摄对象GPS点：45°58'0.46"N, 85°12'23.89"E；镜头方位：35°

(c) M11闪长岩岩脉被F1断裂带右旋切割

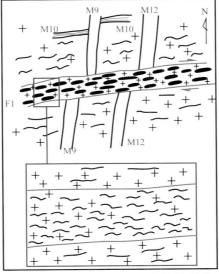

(d) M9、M10、M12与F1断裂带之间的交切关系

图 2-144　红山岩体中 F1 断裂带与 M9 闪长玢岩岩脉、M10 花岗岩脉、M12 闪长玢岩岩脉交切关系

三、红山岩体露头区综合认识

野外勘察发现,红山岩体中有多组侵入体形成的岩脉,其相互交切关系及内部结构指示该岩体受达尔布特断裂的改造作用明显。红山岩体露头野外勘察发现,该地区发育 12 条侵入岩脉(M1—M12)和一条大型断裂(F1),其相互间交切关系及内部结构指示该岩体受达尔布特断裂的改造作用明显。其主要特征可归纳为:(1)脉体内部往往发育 X 型共轭剪节理,为脉体形成后受应力场改造而形成,如 M2 脉体内部共轭剪节理指示该岩脉形成后受压扭应力场控制;(2)脉体的平面分布特征指示脉体形成过程中受到压扭应力场的控制,如 M4 脉体左列排布和 M7 脉体的右列排布分别指示右旋压扭应力场和左旋压扭应力场;(3)13 条脉体或断裂间的相互交切关系指示明显的水平位移,为走滑断距,不同脉体显示不同性质的压扭应力场,说明红山岩体岩脉具有多期性(图 2-145)。

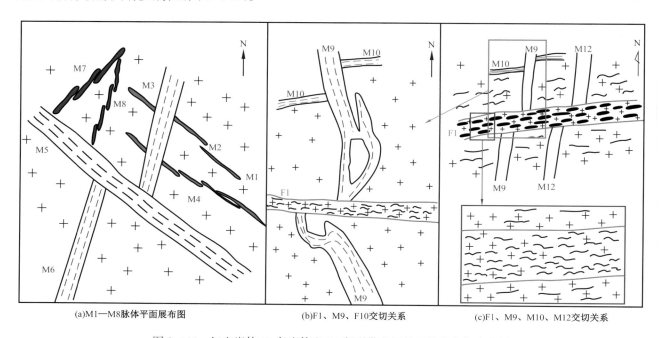

(a)M1—M8脉体平面展布图　　　　(b)F1、M9、F10交切关系　　　　(c)F1、M9、M10、M12交切关系

图 2-145　红山岩体 12 条岩体和 F1 断裂带交切关系及发育期次分析

第三章　哈拉阿拉特山及周缘露头区构造解析

第一节　白杨河露头区

一、交通、地质概况

白杨河水库位于克拉玛依市北东方向约 70km 处。从克拉玛依市出发,经由 G3014 国道、G217 国道行车约 1.5 小时即可到达(图 3-1、图 3-2)。该路线典型野外露头白杨河水库东侧大坝恰好位于达尔布特断裂带之上,沿达尔布特断裂带走向,其北东为哈拉阿拉特山,其南西为扎伊尔山。由于受达尔布特断裂活动影响,其构造活动强烈,构造特征复杂。

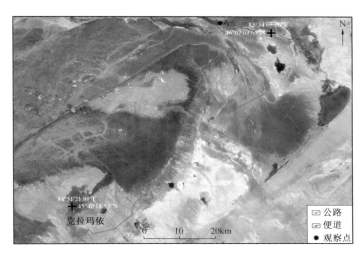

图 3-1　白杨河露头区卫星图

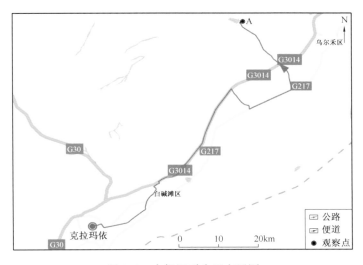

图 3-2　白杨河露头区交通图

根据该区1:20万地质图(图3-3),白杨河路线野外观察点处主要出露中石炭系,局部出露白垩系吐谷鲁群辉石安山玢岩,大面积出露第四系。北东—南西走向的达尔布特断裂及数条与其近平行的分支断裂切过附近区域,故推测白杨河路线构造变形主要受控于达尔布特断裂及其分支断层。

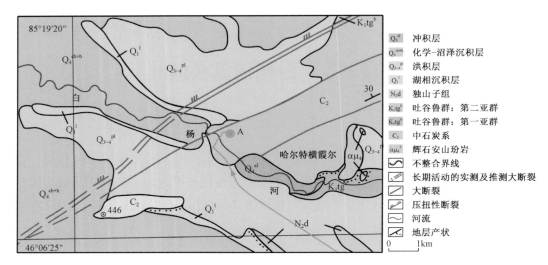

图3-3　白杨河路线地质图

二、典型露头构造解析

白杨河路线主要观察对象为白杨河水库东侧大坝白杨河两岸及河床所发育的断裂带。白杨河路线野外勘察发现共7条断裂带,其中F1为一规模较大的走滑断层,F2—F7则为规模较小的分支小断层。

图3-4为白杨河水库东侧大坝外侧F1断裂带高分辨率度照片、构造解析及素描图。该断裂带呈现典型花状构造,为走滑断层。主断裂倾角为76°,断裂带内岩石破碎严重,其南侧分支断裂倾角为42°,北侧分支断裂倾角为72°,分支断裂岩石破碎现象相对较弱。该露头的断面上发育多处断层擦痕,擦痕的方向近水平,据此可推断该露头为左旋走滑剪切应力下发育的花状构造。

图3-5a为F1断裂带典型花状构造,延其花状分支断面可观察到大量摩擦镜面和擦痕,擦痕的方向近水平(图3-5b、图3-5c),据此可推断该露头为左旋走滑剪切应力下发育的花状构造。F1断裂带花状构造的分支断层并非均为断层面,而是呈现断层带的典型构造特征,沿分支断层核部可观察到厚度数厘米到数十厘米不等的滑动破碎带(图3-6a、图3-6b、图3-6c),并观察到一定程度的后期泥质充填现象。

图3-7为F2断裂带及构造特征。该露头位于白杨河水库出水口南西岸,平面分布上与F1断裂构造露头剖面平行且相对,间距仅为10m,故其露头中断裂带的构造特征与图3-6中的F1断裂带极为相似。

如图3-7b所示,F2断裂带构造露头剖面规模约为5m×15m,剖面中发育数十条分支断层。与图3-6中F1断裂带分支断层类似,沿着这些分支断层可以观察到明显的断裂带结构特征,即位于中央的滑动破碎带和其两侧的诱导裂缝带。数十条分支断层在剖面中倾向和倾角均具有较大的差异性,但总体自上而下呈现收敛的构造特征,从而在剖面中构成花状构造(图3-7b)。

图3-8a为F2断裂带构造露头剖面,剖面中发育的数十条分支断层在剖面中倾向和倾角均具有较大的差异性,但总体自上而下呈现收敛的构造特征并在剖面中呈现出花状构造。图3-8b为F2断裂带剖面的局部构造露头,露头中分支断层或裂缝高度发育。F2断裂带中,可沿分支断层观察到大量摩擦镜面和断层擦痕(图3-8c),其中断层擦痕绝大多数为水平产状,为左旋走滑导致。

相机GPS点：46°08′31.05″N，85°22′45.03″E；拍摄对象GPS点：46°08′31.38″N，85°22′45.47″E；镜头方位：20°

(a)典型露头高分辨率照片

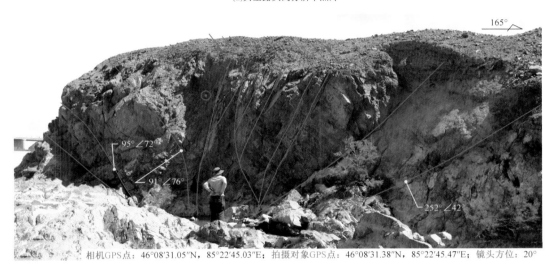

相机GPS点：46°08′31.05″N，85°22′45.03″E；拍摄对象GPS点：46°08′31.38″N，85°22′45.47″E；镜头方位：20°

(b)构造解析

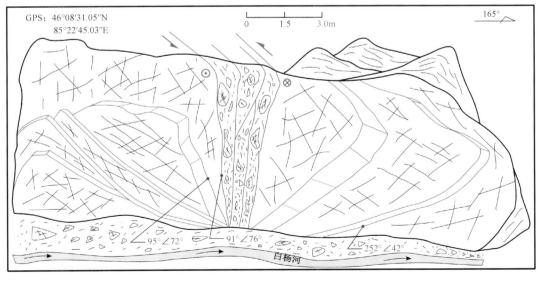

(c)素描图

图3-4 白杨河水库东侧大坝外侧F1断裂带高分辨率照片、构造解析及素描图

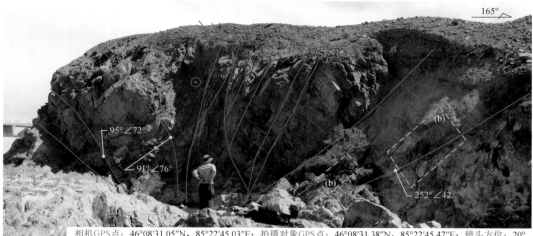

相机GPS点：46°08′31.05″N，85°22′45.03″E；拍摄对象GPS点：46°08′31.38″N，85°22′45.47″E；镜头方位：20°

(a)F1断裂带花状构造

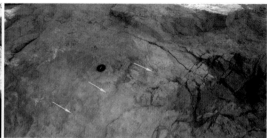

(b)沿F1花状构造分支发育的擦痕与摩擦镜面

图3-5　F1断裂带花状构造内部擦痕与摩擦镜面

拍摄对象GPS点：46°08′31.75″N，85°22′45.18″E

(a)F1断裂带花状构造分支断层（观察点1）

(b)F1断裂带花状构造分支断层局部露头

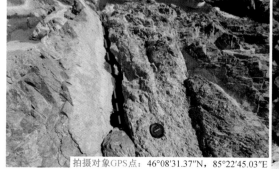

拍摄对象GPS点：46°08′31.37″N，85°22′45.03″E

(c)F1断裂带花状构造分支断层（观察点2）

拍摄对象GPS点：46°08′31.30″N，85°22′45.20″E

(d)摩擦镜面及断层擦痕

图3-6　F1断裂带花状构造分支断裂

相机GPS点：46°08′32.24″N，85°22′44.49″E；拍摄对象GPS点：46°08′32.16″，N 85°22′44.35″E；镜头方位：255°

(a)白杨河剖面F2断裂带高分辨率野外露头照片

相机GPS点：46°08′32.24″N，85°22′44.49″E；拍摄对象GPS点：46°08′32.16″，N 85°22′44.35″E；镜头方位：255°

(b)F2断裂带中分支断层在剖面中呈现花状构造

图 3-7　F2 断裂带野外照片及构造解析

图 3-9a 为 F3 断裂带花状构造及断裂带结构特征,剖面中断裂带宽度约为 0.1～1.0m,剖面中发育的数十条分支断层,自上而下呈现收敛的构造特征并在剖面中呈现出花状构造。图 3-9b 为 F3 断裂带剖面的局部构造露头,断裂结构发育,可划分为中央的滑动破碎带和其两侧的诱导裂缝带。

相机GPS点：46°08′32.24″N，85°22′44.49″E；拍摄对象GPS点：46°08′32.16″，N 85°22′44.35″E；镜头方位：255°

(a)F2断裂带剖面花状构造

(b)F2断裂带分支断层

拍摄对象GPS点：46°08′31.97″N，85°22′44.23″E　　　拍摄对象GPS点：46°08′31.91″N，85°22′44.34″E

(c)分支断层面上的断层擦痕

图3-8　F2断裂带及其构造特征

相机GPS点：46°08′30.49″N，85°22′45.41″E；拍摄对象GPS点：46°08′30.56″，N85°22′45.41″E；镜头方位：180°

（a）F3断裂带剖面花状构造　　　　　　　　　　　　（b）F3断裂带结构特征划分

图3-9　F3断裂带花状构造及断裂带结构特征

图3-10为F4断裂带花状构造特征,剖面为近东西向,剖面中断裂带宽度约为0.1~1.0m,剖面中发育的数十条分支断层,自上而下收敛而呈现出花状构造。图3-10b中可以观察到沿F4断裂带从下向上发生的泥质充填现象,导致断层面颜色发黄。

图3-11为F5断裂带构造露头剖面,剖面为北东—南西向,该剖面位于山谷南西侧断崖处。该露头中岩石破碎程度较高,分支断层或裂缝高度发育,剖面中断裂带宽度约为15~20m。剖面中发育数十条分支断层,且在剖面中自上而下呈现收敛的构造特征并组成花状构造(图3-11b、图3-11c),与前述F1—F4 4条断裂带构造特征相类似,均为在左旋走滑剪切应力背景下发育的断裂带。

图3-12a为F5断裂带位于山谷南西侧断崖处的构造露头剖面,剖面为北东—南西向。剖面中发育的数十条分支断层,自上而下呈现收敛的构造特征并组成花状构造。该剖面的南东端和北西端分别为花状构造两端的两条分支断层(图3-12b、图3-12c),两条分支断裂均较缓,走向近平行,但倾向相对。分支断层断裂结构特征明显,可划分出明显的滑动破碎带和诱导裂缝带(图3-12d)。

图3-13a为白杨河剖面F6断裂带构造特征,露头出露F6断裂带一条分支断层的断层面,断面东倾,倾角高达75°~80°。图3-13b为F6断裂带的侧视剖面,剖面中可观察到该断裂带由数条较大的分支断层和数十条构造裂缝组合而成,其产状均为东倾且倾角较陡,沿断面发育较多的小型构造透镜体,透镜体长短轴比约为4∶1至6∶1。此外,F6断裂带的局部断面上还发育有大量的断层擦痕,产状近水平(图3-13c)。以上断裂带构造特征同样指示F6断裂带为走滑剪切应力控制下的产物。

相机GPS点：46°08′30.20″N，85°22′45.64″E；拍摄对象GPS点：46°08′30.11″N，85°22′45.66″E；镜头方位：190°

(a)F4断裂带构造露头剖面高分辨率照片

相机GPS点：46°08′30.20″N，85°22′45.64″E；拍摄对象GPS点：46°08′30.11″N，85°22′45.66″E；镜头方位：190°

(b)F4断裂带构造露头剖面花状构造解析

图3-10　F4断裂带花状构造特征

相机GPS点：46°08′27.94″N，85°22′41.25″E；拍摄对象GPS点：46°08′27.37″N，85°22′39.27″E；镜头方位：235°

(a)野外露头照片

相机GPS点：46°08′27.94″N，85°22′41.25″E；拍摄对象GPS点：46°08′27.37″N，85°22′39.27″E；镜头方位：235°

(b)构造解析

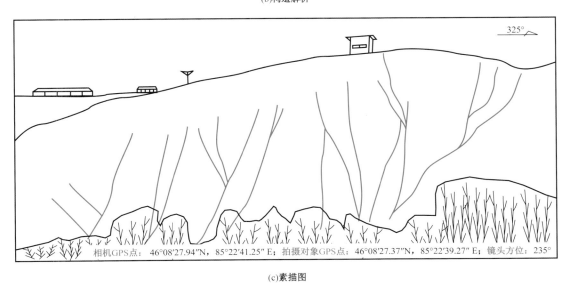

相机GPS点：46°08′27.94″N，85°22′41.25″E；拍摄对象GPS点：46°08′27.37″N，85°22′39.27″E；镜头方位：235°

(c)素描图

图3-11 F5断裂带野外露头剖面、构造解析及素描图

相机GPS点：46°08′27.94″N，85°22′41.25″E；拍摄对象GPS点：46°08′27.37″N，85°22′39.27″E；镜头方位：235°

(a)F5断裂带野外露头构造解析

(b)F5断裂带局部露头断裂带结构特征　　　　　　　(c)F5断裂带局部露头断裂带结构特征

(d)F5断裂带局部露头断裂带结构特征

图 3-12　F5断裂带野外局部露头构造解析

相机GPS点：46°08′32.24″N，85°22′32.60″E；
拍摄对象GPS点：46°08′32.21″N，85°22′31.93″E；
镜头方位：280°

(a)断面构造露头

(b)侧视剖面

(c)水平断层擦痕

图 3-13 F6 断裂带构造特征

　　图 3-14a 为白杨河剖面 F7 断裂带野外构造露头,剖面为北西—南东方向。根据露头观察可知,F7 断裂带由数十条分支断层和构造裂缝组合而成,分支断层面产状较陡,倾角高达 75°～80°(图 3-14b),但该剖面中未观察到明显的花状构造。F7 断裂构造特征明显,图 3-14c 所示的局部露头中发育有两条相交的滑动破碎带,岩石破碎严重,沿较陡的滑动破碎带可观察到一定程度的泥质充填现象。

相机GPS点: 46°08′33.73″N, 85°22′36.74″ E;
拍摄对象GPS点: 46°08′33.80″N, 85°22′36.92″ E;
镜头方位: 50°

(a)F7断裂带构造露头

相机GPS点: 46°08′33.73″N, 85°22′36.74″ E;
拍摄对象GPS点: 46°08′33.80″N, 85°22′36.92″ E;
镜头方位: 50°

(b)F7断裂带构造解析

(c)F7断裂带结构特征

图 3-14　F7 断裂带构造露头及构造特征

　　在白杨河水库南东侧水坝外侧的一处 3m×8m 剖面中,可观察到油砂出露(图 3-15a)。图 3-15b 为油砂剖面的局部露头,由于长期风化,油砂呈现暗灰色;其内部油砂的新鲜剖面呈现灰黑色,有明显的油浸现象及油浸气味(图 3-15c、图 3-15d)。

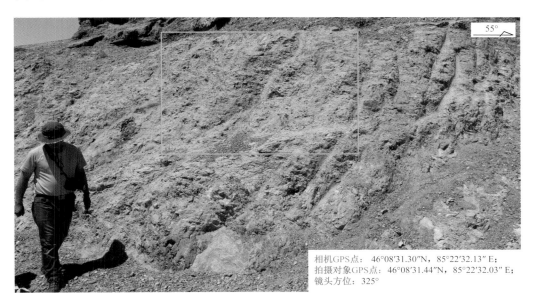

相机GPS点:　46°08′31.30″N,85°22′32.13″E;
拍摄对象GPS点:　46°08′31.44″N,85°22′32.03″E;
镜头方位:　325°

(a)油砂出露点

(b)油砂风化面

(c)油砂新鲜露头一

(d)油砂新鲜露头二

图 3-15　白杨河剖面油砂露头

在该露头采集了3块油砂样品，分别命名为S001（2015-08887）、S002（2015-08888）和S003（2015-08889），并对其进行了相关测试:（1）饱和烃气相色谱分析(表3-1)；（2）生物标志物色谱—质谱分析(表3-2)；（3）有机质碳同位素分析(表3-3)；（4）氯仿沥青"A"分析(表3-4)。

表3-1a　白杨河油砂的饱和烃气相色谱分析（S001）

地区：白杨河水库		取样日期：2015/06/18		井号：　　　无			分析日期：2015/09/06	
样品编号		2015-08887		原编号：S001		层位		
$\frac{Pr}{Ph}$		0.80		$\frac{Pr}{nC_{17}}$	1.00	$\frac{Ph}{nC_{18}}$		1.25
$\frac{\sum C_{21}}{\sum C_{22}^+}$		9.50		OEP	0.71	CPI		
碳数范围		$nC_{15} \sim nC_{22}$		$\frac{C_{21}+C_{22}}{C_{28}+C_{29}}$		主碳峰		nC_{16}
组分	面积	质量分数（%）	组分	面积	质量分数（%）	组分	面积	质量分数（%）
nC_8			nC_{23}	0	0	nC_{38}	0	0
nC_9	0	0	nC_{24}	0	0	nC_{39}		
nC_{10}	0	0	nC_{25}	0	0	nC_{40}		
nC_{11}	0	0	nC_{26}	0	0	Pr	4	4.08
nC_{12}	0	0	nC_{27}	0	0	Ph	5	5.10
nC_{13}	0	0	nC_{28}	0	0	iC_{13}	0	0
nC_{14}	0	0	nC_{29}	0	0	iC_{14}	0	0
nC_{15}	1	1.02	nC_{30}	0	0	iC_{15}	0	0
nC_{16}	4	4.08	nC_{31}	0	0	iC_{16}	0	0
nC_{17}	4	4.08	nC_{32}	0	0	iC_{18}	1	1.02
nC_{18}	4	4.08	nC_{33}	0	0	iC_{21}	2	2.04
nC_{19}	2	2.04	nC_{34}	0	0	G_CAROTANE	0	0
nC_{20}	2	2.04	nC_{35}	0	0	B_CAROTANE	65	66.33
nC_{21}	2	2.04	nC_{36}	0	0			
nC_{22}	2	2.04	nC_{37}	0	0	合计	98	

注：OEP指标以主碳峰位置计算。

表 3-1b 白杨河油砂的饱和烃气相色谱分析（S002）

地区：白杨河水库		取样日期：2015/06/18		井号： 无		分析日期：2015/09/06	
样品编号		2015-08888		原编：S002	层位		
$\dfrac{Pr}{Ph}$		3.00	$\dfrac{Pr}{nC_{17}}$	1.50	$\dfrac{Ph}{nC_{18}}$	0.50	
$\dfrac{\Sigma C_{21}}{\Sigma C_{22}^{+}}$		3.33	OEP	0.40	CPI		
碳数范围		$nC_{16}\sim nC_{24}$	$\dfrac{C_{21}+C_{22}}{C_{28}+C_{29}}$		主碳峰	nC_{16}	

组分	面积	质量分数（%）	组分	面积	质量分数（%）	组分	面积	质量分数（%）
nC_8			nC_{23}	1	1.49	nC_{38}	0	0
nC_9	0	0	nC_{24}	1	1.49	nC_{39}		
nC_{10}	0	0	nC_{25}	0	0	nC_{40}		
nC_{11}	0	0	nC_{26}	0	0	Pr	3	4.48
nC_{12}	0	0	nC_{27}	0	0	Ph	1	1.49
nC_{13}	0	0	nC_{28}	0	0	iC_{13}	0	0
nC_{14}	0	0	nC_{29}	0	0	iC_{14}	0	0
nC_{15}	0	0	nC_{30}	0	0	iC_{15}	0	0
nC_{16}	3	4.48	nC_{31}	0	0	iC_{16}	0	0
nC_{17}	2	2.99	nC_{32}	0	0	iC_{18}	4	5.97
nC_{18}	2	2.99	nC_{33}	0	0	iC_{21}	1	1.49
nC_{19}	1	1.49	nC_{34}	0	0	G_CAROTANE	0	0
nC_{20}	1	1.49	nC_{35}	0	0	B_CAROTANE	45	67.16
nC_{21}	1	1.49	nC_{36}	0	0			
nC_{22}	1	1.49	nC_{37}	0	0	合计	67	

注：OEP 指标以主碳峰位置计算。

表 3-1c　白杨河油砂的饱和烃气相色谱分析（S003）

地区：白杨河水库		取样日期：2015/06/18		井号：　　无		分析日期：2015/09/06	
样品编号		2015-08889		原编号：S003	层位		
$\dfrac{Pr}{Ph}$		0.50	$\dfrac{Pr}{nC_{17}}$	0.50	$\dfrac{Ph}{nC_{18}}$	0.67	
$\dfrac{\sum C_{21}}{\sum C_{22}^{+}}$		4.00	OEP	0.73	CPI		
碳数范围		$nC_{16}\sim nC_{23}$	$\dfrac{C_{21}+C_{22}}{C_{28}+C_{29}}$		主碳峰	nC_{18}	

组分	面积	质量分数（%）	组分	面积	质量分数（%）	组分	面积	质量分数（%）
nC_8			nC_{23}	1	1.35	nC_{38}	0	0
nC_9	0	0	nC_{24}	0	0	nC_{39}		
nC_{10}	0	0	nC_{25}	0	0	nC_{40}		
nC_{11}	0	0	nC_{26}	0	0	Pr	1	1.35
nC_{12}	0	0	nC_{27}	0	0	Ph	2	2.70
nC_{13}	0	0	nC_{28}	0	0	iC_{13}	0	0
nC_{14}	0	0	nC_{29}	0	0	iC_{14}	0	0
nC_{15}	0	0	nC_{30}	0	0	iC_{15}	0	0
nC_{16}	2	2.70	nC_{31}	0	0	iC_{16}	0	0
nC_{17}	2	2.70	nC_{32}	0	0	iC_{18}	1	1.35
nC_{18}	3	4.05	nC_{33}	0	0	iC_{21}	1	1.35
nC_{19}	2	2.70	nC_{34}	0	0	G_CAROTANE	0	0
nC_{20}	2	2.70	nC_{35}	0	0	B_CAROTANE	54	72.97
nC_{21}	1	1.35	nC_{36}	0	0			
nC_{22}	2	2.70	nC_{37}	0	0	合计	74	

注：OEP 指标以主碳峰位置计算。

表 3-2　白杨河油砂的生物标志物色谱—质谱分析

峰号	化合物名称	Trace	2015-08887 S001			2015-08888 S002			2015-08889 S003		
			RT	峰面积	峰高	RT	峰面积	峰高	RT	峰面积	峰高
18	C29-藿烷	191	70.60	128006	13546	70.62	49839	5456	70.60	62221	9324
19	C29-莫烷	191	71.93	28321	4817	71.95	15996	2338	71.97	33424	3439
20	C30-藿烷	191	72.69	199344	23044	72.69	75892	9123	72.67	95964	13833
21	ββC29-藿烷	191									
22	C30-莫烷	191	73.71	35922	4690	73.71	13723	1809	73.53	19215	3130
23	C31-藿烷	191	75.09	62875	10730	75.07	29144	3749	75.09	37364	5503
24	C31-藿烷	191	75.38	68385	7777	75.38	45166	4470	75.38	38287	4635
25	C30-伽玛腊烷	191	75.87	114497	12074	75.88	39006	4092	75.87	29845	5215
26	ββC30-藿烷	191									
27	C32-藿烷	191	76.99	67440	9035	77.01	25498	4238	77.01	40940	5124
28	C32--藿烷	191	77.39	46687	6024	77.39	13361	2119	77.37	24987	3410

测试单位：中国石油天然气股份有限公司新疆油田分公司实验检测研究院

表 3-3　白杨河油砂的有机碳同位素分析

地区：白杨河水库		分析日期：2015/08/25							
样品编号	原样号	碳同位素 δ13C‰（PDB）							备注
		氯仿沥青"A"	干酪根	原油	烷烃	芳香烃	非烃	沥青质	
2015-08887	S001	-30.65							
2015-08888	S002	-30.59							
2015-08889	S003	-30.81							

测试单位：中国石油天然气股份有限公司新疆油田分公司实验检测研究院

表 3-4　白杨河油砂的氯仿沥青"A"分析

地区：白杨河水库			分析日期：2015/08/13				
序号	样品编号	原样号	荧光级别	氯仿沥青"A"			备注
				取样量（g）	质量（g）	含量（%）	
1	2015-08887	S001	11	47.13	0.0676	0.1434	浸泡
2	2015-08888	S002	12	28.97	0.0572	0.1974	浸泡
3	2015-08889	S003	8	45.16	0.0381	0.0844	浸泡

测试单位：中国石油天然气股份有限公司新疆油田分公司实验检测研究院

三、白杨河露头区综合认识

在白杨河路线野外勘察发现共 7 条断裂带,其中 F1 为一规模较大的走滑断层,F2—F7 则为规模较小的分支小断层。F1 断层走向北东—南西向,与达尔布特断裂呈近平行或小角度相交,其断裂带呈现明显的花状构造,在断层面上可见断裂擦痕和摩擦镜面等断层野外识别标志,根据断层擦痕的水平指向,可判断 F1 断层为左旋走滑断层。在分支小断层 F2—F7 中,断裂带结构特征明显,断层角砾岩、水平擦痕发育,均指示左旋走滑特征。显然,白杨河水库路线的野外观察露头均受到达尔布特断裂的控制作用。

从平面位置分析,该路线观察点白杨河水库东侧大坝恰好位于达尔布特断裂带之上,沿达尔布特断裂带走向,其北东为哈拉阿拉特山,其南西为扎伊尔山。根据前人研究成果,扎伊尔山和哈拉阿拉特山构造特征有着较大的区别,故白杨河水库观察点极有可能是一个构造转换点,其断裂结构特征、形成过程和成因模式对于研究达尔布特断裂的侧向变化性具有重要地质意义。

第二节　乌尔禾露头区

一、交通、地质概况

乌尔禾沥青脉位于克拉玛依市北东方向约 85km,乌尔禾区东侧,从克拉玛依市出发,经由 G3014 国道行车约 1.5 小时即可到达(图 3-16、图 3-17)。乌尔禾沥青脉剖面位于达尔布特断裂南东一侧,距离达尔布特断裂垂线距离约为 15km,其构造位置为哈拉阿拉特山前乌尔禾单断展背斜区,构造变形较弱。目前已有大量乌尔禾沥青脉的相关研究成果。

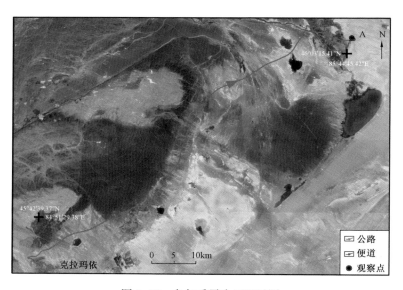

图 3-16　乌尔禾露头区卫星图

根据本区 1∶20 万地质图(图 3-18),乌尔禾沥青脉野外观察点附近出露地层为白垩系吐谷鲁群第二亚群,岩性以砂岩、粉砂岩为主,其上以不整合关系直接覆盖第四系。此处地层近水平,向南东方向轻微倾斜,构造运动较弱,断层、褶皱不发育。

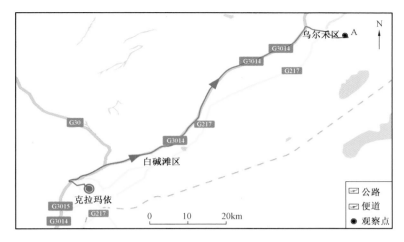

图 3-17 乌尔禾露头区交通图

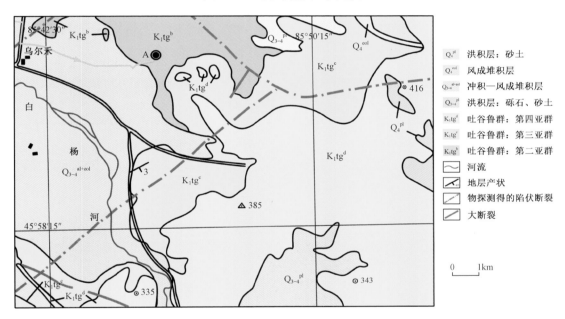

图 3-18 乌尔禾露头区地质图

二、典型露头构造解析

乌尔禾露头区野外勘察主要对象为乌尔禾沥青矿地表出露的数十条沥青脉,测量各沥青脉的长度、宽度、走向、倾角及上下盘间断距;采集关键点位的岩石样品,进行孔隙度、渗透率测试及含油性分析;分析各沥青脉之间的平面分布情况、剖面组合样式等;综合分析乌尔禾沥青脉的构造几何学特征、形成过程和形成机理。在乌尔禾沥青矿共观察到 17 条沥青脉,长度从 30~620m 不等,宽度数厘米到数米不等,断面走向大体均为北东—南西走向,倾角均较陡(40°~70°)(图 3-19b、图 3-19c)。多条沥青脉可见沥青开采后残留裂缝,为观察沥青脉两壁特征提供了便利。将 17 条沥青脉以 LQM1—17 编号进行研究(图 3-19a)。

LQM1 起点坐标为 46°05′16.38″N,85°45′00.18″E,终点坐标为 46°05′15.94″N,85°45′57.17″E。产状为 338°∠67°,延伸长度 90m,沥青脉宽 6cm(图 3-20a)。乌尔禾沥青脉脉体呈黑色,断面上观察到的黑色岩体为油浸砂岩,其厚度与岩层物性有关,砂岩孔渗性较好因而油浸较深,泥岩孔渗性差因而油浸较浅(图 3-20b)。在经历风化作用后,浸染较深的油浸砂岩因抗风化能力较强而得以保存至今,但物性差的岩层因

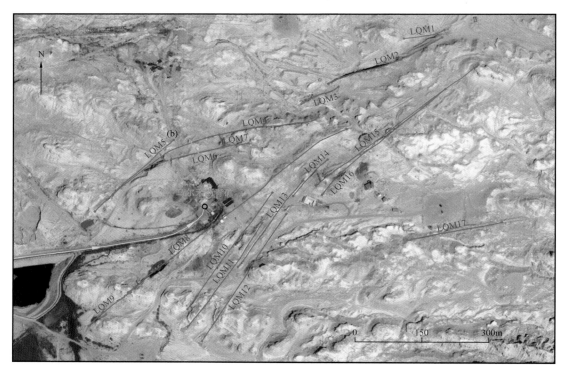

(a)沥青脉卫星解析图

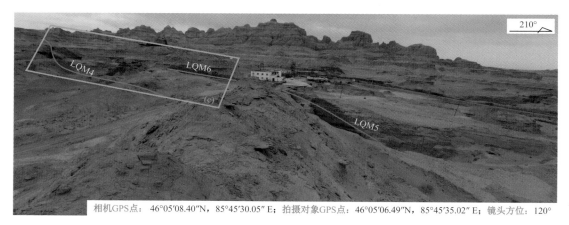

相机GPS点：46°05′08.40″N，85°45′30.05″E；拍摄对象GPS点：46°05′06.49″N，85°45′35.02″E；镜头方位：120°

(b)沥青脉野外勘察远景

相机GPS点：46°05′07.71″N，85°45′32.17″E；拍摄对象GPS点：46°05′06.63″N，85°45′35.76″E；镜头方位：115°

(c)沥青脉野外勘察远景

图3-19　乌尔禾沥青脉平面分布图及远景图

其油浸浅甚至无油浸现象未见油浸砂岩。图3-20c中可观察到风化面上的层理现象。从第一条沥青脉起点（图3-21）向西沿走向前进可在坐标点46°05′15.94″N、85°45′57.17″E处观察到LQM1终点。在该处仅观察到少量油浸砂岩,反映沥青脉末端油浸较浅。

相机GPS点：46°05′16.30″N，85°45′59.57″E；拍摄对象GPS点：46°05′16.38″N，85°45′00.18″E；镜头方位：110°

(a)LQM1起点野外构造露头

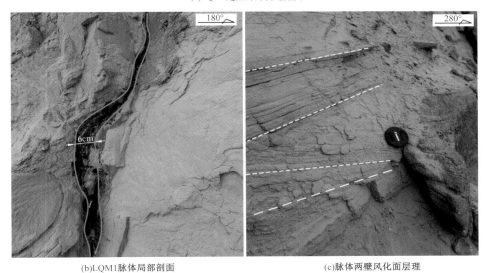

(b)LQM1脉体局部剖面

(c)脉体两壁风化面层理

图3-20 第一条沥青脉LQM1

相机GPS点：46°05′15.96″N，85°45′57.36″E；拍摄对象GPS点：46°05′15.94″N，85°45′57.17″E；镜头方位：95°

图3-21 第一条沥青脉LQM1终点构造露头

从 LQM1 起点向南前进可观察到 LQM2，LQM2 起点坐标为 46°05′15.99″N，85°46′00.28″E；终点坐标为 46°05′12.31″N，85°45′49.08″E。脉体延伸长度 200m，产状 348°∠58°，沥青脉宽 1m。乌尔禾沥青脉脉体呈黑色，两侧地层中的黑色岩层为地层被沥青所浸染，经过胶结作用形成。其硬度大，抗风化能力强，保存较为完整。有些岩层因物性差未经油浸或油浸很浅，经风化后露出未被浸染的地层，呈现出现今观察到的油浸砂岩与普通岩层相间排布的现象。油浸砂岩的厚度因岩层物性差异在 24～31cm 不等（图 3-22）。

相机GPS点：46°05′10.65″N，85°45′49.16″E；拍摄对象GPS点：46°05′12.69″N，85°45′49.87″E；镜头方位：90°

(a)LQM2断面

拍摄对象GPS点：46°05′12.69″N，85°45′49.87″E

(b)LQM2油浸砂岩厚度

相机GPS点：46°05′14.23″N，85°45′55.35″E；
拍摄对象GPS点：46°05′13.64″N，85°45′54.08″E；
镜头方位：255°

(c)沥青脉宽度

图 3-22　第二条沥青脉 LQM2

　　LQM3 起点位于 LQM2 终点南西方向上，起点坐标为 46° 05′12.22″N，85°45′50.32″E；终点坐标为 46° 05′11.32″N，85°45′47.39″E。产状为 340° ∠ 78°，延伸长度为 70m。乌尔禾沥青脉周围地层中均观察到明显的油浸现象，油浸砂岩因抗风化能力强保存至今，形成坚硬壳体。断面上斜向阶步发育，局部可见斜向擦痕，指示沥青脉为张扭性断裂构造（图 3-23）。从 LQM3 起点沿走向前进可在坐标 46° 05′11.41″N，85°45′48.14″E 处观察到另一处油浸砂岩壳体。油浸厚度因岩层物性不同呈现差异，由 15～75cm 不等（图 3-24）。断面上斜向阶步发育，指示沥青脉为张扭性断裂构造。

(a)LQM3构造露头

(b)断层擦痕与阶步　　　　(c)断层擦痕

图 3-23　第三条沥青脉 LQM3

图 3-24　LQM3 油浸砂岩厚度

在坐标 46°05′06.10″N，85°45′33.09″E 观察到 3 条沥青脉交会现象。3 条沥青脉将该剖面分割为 4 个断块，根据标志层对比情况，可判定 3 条沥青脉在剖面上均表现为正断层，LQM4 断距约为 14m，LQM6 断距约为 19m，LQM5 断距未知，但根据沿其走向观察，推断其断距不超过 10m。在 LQM4 与 LQM5 所夹断块中，可观察到台阶式小型正断层，断距仅为数十厘米到 0.5m。这些现象均指示乌尔禾沥青脉应为早期沿着张性正断层上涌的轻质油在后期近地表稠化后形成，该地区应力场应为张性或张扭性（图 3-25）。

(a)典型露头高分辨率照片

(b)构造解析

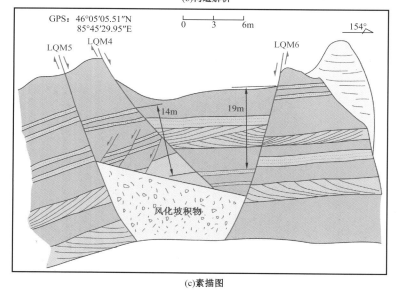

(c)素描图

图 3-25　LQM4—6 构造剖面图

自LQM3终点向南前进可观察到LQM4,其起点坐标为46°05′09.41″N,85°45′46.59″E;终点坐标为
46°05′06.10″N,85°45′33.09″E,产状为350°∠75°,延伸长度为520m(图3-26a)。在LQM4观察到沥青脉
经人工开采后残余裂缝,裂缝由木桩支撑,自下而上宽度由宽变窄,由90cm逐渐减小为1cm(图3-26b)。
断面上依然可观察到抗风化能力强的油浸砂岩。

相机GPS点: 46°05′09.33″N, 85°45′45.93″E;
拍摄对象GPS点: 46°05′09.41″N, 85°45′45.59″E;
镜头方位: 90°

(a)LQM4起点构造露头

拍摄对象GPS点: 46°05′09.21″N, 85°45′45.47″E   拍摄对象GPS点: 46°05′09.21″N, 85°45′45.47″E

(b)沥青脉开采后残留裂缝

图3-26 第四条沥青脉LQM4

　　自LQM4起点沿走向向西前进,在3条沥青脉交汇处可观察到LQM4终点(图3-27a)。LQM4在剖面上显示为正断层(图3-27b),根据标志层判断其断距为14m(图3-27c)。LQM4与LQM5之间夹有多条小型正断层,进一步揭示乌尔禾沥青脉形成于张性背景下。

相机GPS点：46°05′05.34″N, 85°45′31.24″E;
拍摄对象GPS点：46°05′06.10″N, 85°45′33.09″E;
镜头方位：45°

(a)LQM4终点构造露头

(b)LQM4断层露头　　　　　　　　　(c)LQM4断距测量

图3-27　第四条沥青脉LQM4

沥青脉 LQM5 的起点坐标为 46°05′07.21″N，85°45′34.06″E，终点坐标为 46°05′02.83″N，85°45′26.99″E，产状 323°∠79°，延伸长度 240m，脉宽由 54cm 至 2m 不等（图 3-28a）。LQM5 自起点沿南西方向延伸经过 3 条沥青脉交会处，自此与 LQM4 近平行延伸，在坐标 46°05′03.70″N，85°45′28.04″E 处两条沥青脉相交，LQM4 消亡，LQM5 继续延伸。LQM5 脉体经人工开采后残留缝隙下宽上窄，揭示张性应力背景（图 3-28 ）。

(a)沥青脉构造剖面

(b)LQM5脉宽测量

(c)LQM4、5平面交汇点

(d)LQM5脉宽测量

图 3-28 第五条沥青脉 LQM5

沥青脉 LQM6 的起点坐标为 46°05′09.41″N，85°45′46.59″E，终点坐标 46°05′07.74″N，85°45′41.72″E，产状 346°∠80°，延伸长度 240m，脉宽 16～20cm，断距 19m（图 3-29a），上盘油浸范围 2.8m，下盘油浸范围 2.5m（图 3-29b）。自 LQM6 起点向北东东方向前进可观察到 LQM6 末端（图 3-29c）。其断距相较起点处大大减少，脉体宽度变细，油浸范围也减小至 20cm（图 3-29d），LQM6 至此逐渐消亡，剖面上依然可观察到物性差异导致的油浸差异。

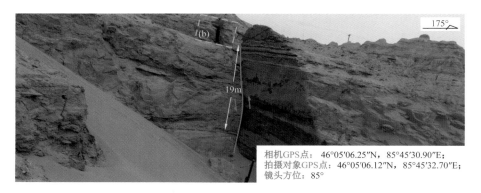

(a)LQM6构造露头

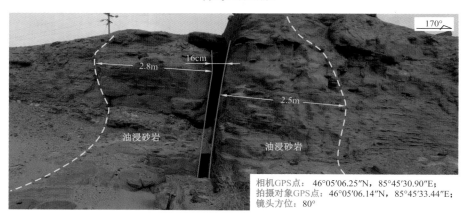

(b)LQM6构造剖面

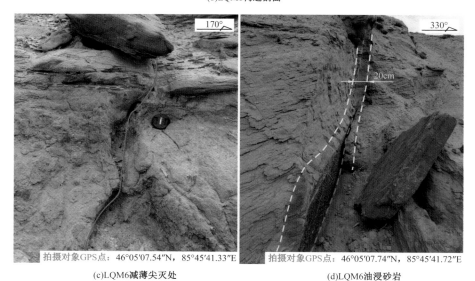

(c)LQM6减薄尖灭处　　　　(d)LQM6油浸砂岩

图 3-29　第六条沥青脉 LQM6 构造露头

图 3-30a 为 LQM6 中段的构造露头,测得断面产状为 334°∠76°,下盘地层产状为 165°∠9°。在 LQM6 可观察到明显的油浸现象,油浸范围 1.6～3.0m 不等(图 3-30b、图 3-30c)。露头中可观察到中部砂砾岩的油浸现象明显强于上、下两套砂岩地层(图 3-30c)。这进一步证明了油浸差异与岩层物性之间的相关性,也解释了图 3-30a 中油浸砂岩与正常岩层相间分布的现象。

235°

相机GPS点：46°05′06.57″N, 85°45′34.51″E；
拍摄对象GPS点：46°05′06.41″N, 85°45′34.75″E；
镜头方位：145°

334°∠76°

(a)LQM6断面构造露头

155°

1.6m

2.1m

(b)LQM6油浸砂岩范围

170°

3m

拍摄对象GPS点：46°05′06.55″N, 85°45′35.79″E

(c)LQM6两壁岩性对油浸程度的控制作用

图 3-30　第六条沥青脉 LQM6 油浸现象

乌尔禾沥青脉 LQM4、LQM6 和 LQM7 相互交切，LQM4 与 LQM6 近平行，而 LQM7 被夹限于两者之间（图 3-31b、图 3-31c）。3 条沥青脉周围地层中砂岩层均观察到有明显的油浸现象，且在 3 条沥青脉交切处砂岩层油浸程度最高。例如沥青脉 LQM6 沿砂岩层水平油浸范围可达 2m，而 LQM4 与 LQM6 所夹的 LQM7 由于有 3 条供油断裂，其沿砂岩层水平油浸范围可达 5～10m（图 3-31c）。

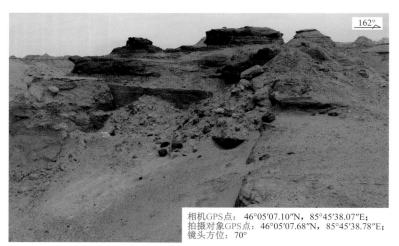

(a)直交脉体构造露头

(b)直交脉体露头构造解析

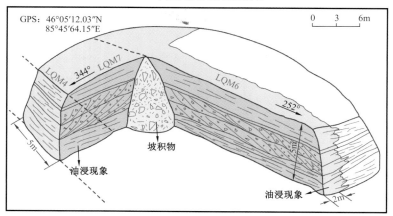

(c)直交脉体露头构造素描图

图 3-31　相互垂直沥青脉及素描图

沥青脉 LQM7 起点坐标为 46°05′08.22″N，85°45′38.14″E，终点坐标为 46°05′07.29″N，85°45′38.64″E，脉宽 20cm，断距 30cm，走向 340°，延伸长度 30m（图 3-32a、图 3-32b）。LQM7 的油浸现象在砂岩颜色、厚度上存在明显的差异，可能是由地层岩石物性差异导致的（图 3-32c）。

相机GPS点：46°05′08.14″N，85°45′38.60″E；
拍摄对象GPS点：46°05′07.68″N，85°45′38.78″E；
镜头方位：170°

(a)沥青脉LQM7构造露头

(b)油浸砂岩露头

(c)油浸现象差异程度

图 3-32　第七条沥青脉 LQM7 的油浸砂岩

沥青脉LQM8起点位于LQM3南东方向,坐标为46°05′09.15″N,85°45′51.78″E,终点坐标46°04′56.06″N,85°45′29.62″E,产状为322°∠80°,延伸长度为620m,脉宽35cm,油浸范围30～40cm(图3-33)。图3-34a所示剖面位于LQM8起点南西方向沥青脉中部位置,其脉体被人工开采后留下由木桩支撑的裂缝,宽为1.15m,明显大于起点处脉宽。继续沿走向前进可观察到油浸砂岩,油浸范围13cm(图3-34b)。

相机GPS点: 46°04′56.45″N, 85°45′30.06″E;
拍摄对象GPS点: 46°04′56.81″N, 85°45′30.52″E;
镜头方位: 45°

(a)LQM8构造露头（俯视）

相机GPS点: 46°04′57.92″N, 85°45′31.32″E;
拍摄对象GPS点: 46°04′57.19″N, 85°45′31.34″E;
镜头方位: 205°

(b)LQM8构造露头（剖面）

图3-33 第八条沥青脉LQM8

相机GPS点: 46°05′05.83″N, 85°45′44.79″E
拍摄对象GPS点: 46°05′05.44″N, 85°45′44.29″E
镜头方位: 50°

(a)LQM8脉体宽度测量

拍摄对象GPS点: 46°05′04.07″N, 85°45′42.34″E

(b)油浸砂岩厚度测量

图3-34 第八条沥青脉LQM8

从图 3-35 中可观察到，LQM8 为北东—南西走向，断面为北西倾向，倾角高陡，沥青脉宽度 0.1～0.5m 不等（图 3-35b）。LQM8 上下盘地层均为白垩系吐谷鲁群第二亚群，岩性以砂岩、粉砂岩为主，夹少量薄层泥岩，根据泥岩标志层对比情况，可判断 LQM8 为正断层，断距约为 4m（图 3-35c）。

(a)典型露头高分辨率照片

(b)构造解析

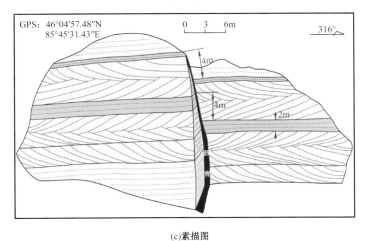

(c)素描图

图 3-35　第八条沥青脉剖面及素描图

　　LQM9 的起点紧邻 LQM8 终点(图 3-36a、图 3-36b),其坐标 46°04′53.55″N,85°45′25.80″E,终点坐标 46°04′56.06″N,85°45′29.62″E,走向 46°,延伸长度为 120m,脉宽 40cm(图 3-36c)。断面两侧可见坚硬的油浸砂岩,厚度数厘米至数十厘米。

(a)LQM8与LQM9交会剖面

(b)LQM8与LQM9交会处局部露头

(c)LQM8与LQM9交会处脉宽测量

图 3-36　第九条沥青脉 LQM9

LQM10 的 起 点 位 于 LQM9 东 侧，其 坐 标 46°04′55.08″N，85°45′35.84″，终 点 坐 标 46°05′04.39″N，85°45′44.29″E，走向为 27°，延伸长度为 330m（图 3–37a）。图 3–37b 露头上可观察到油浸砂岩，油浸程度在纵向上存在差异，沥青脉末端脉体宽 4mm，并逐步消失。沿 LQM10 走向（即北东方向）前进可观察到图 3–37c 所示断面，测得产状为 279°∠76°，断面上可观察到风化后的油浸砂岩，其油浸程度较低，抗风化能力不高，保存的完好程度较差（图 3–37d）。

(a)LQM10起点构造剖面

(b)LQM10起点油浸砂岩局部露头

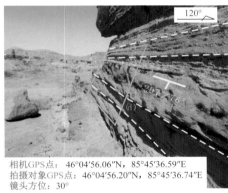

(c)LQM10两壁油浸砂岩风化露头

(d)LQM10两壁油浸砂岩风化露头

图 3–37 第十条沥青脉 LQM10

沥青脉LQM11的起点位于LQM10起点南方,其坐标为46°04′54.11″N,85°45′36.16″E,终点坐标为46°05′01.44″N,85°45′42.76″E,脉宽50cm,产状302°∠85°(图3-38a)。LQM11延伸长度为290m,脉宽50～90cm(图3-38b),沥青脉两壁地层中可观察到油浸现象,并在纵向上油浸程度存在差异。LQM11、LQM12和LQM13间相互平行排布,间距数十米;LQM11与LQM12间地表均观察到油浸现象,油浸范围可达33.5m(图3-38c)。

相机GPS点: 46°04′53.93″N,85°45′36.09″E;
拍摄对象GPS点: 46°05′54.11″N,85°45′36.16″E;
镜头方位: 40°

(a)LQM11起点构造剖面

相机GPS点: 46°04′55.59″N,85°45′37.76″E;
拍摄对象GPS点: 46°05′55.95″N,85°45′38.15″E;
镜头方位: 35°

(b)LQM11产状及脉宽测量

相机GPS点: 46°04′56.18″N,85°45′38.31″E;
拍摄对象GPS点: 46°05′57.68″N,85°45′39.65″E;
镜头方位: 40°

(c)LQM11、LQM12、LQM13平面排布关系解析

图3-38 第十一条沥青脉LQM11

LQM12 的起点位于 LQM11 起点南东方向上,其坐标为 46°04′52.85″N,85°45′37.58″E,终点坐标为 46°05′02.50″N,85°45′45.46″E,产状 320°∠79°,延伸长度为 180m,脉宽 1cm,地层中可观察到油浸差异,上盘油浸范围 9cm,下盘油浸范围 11cm(图 3-39)。沿 LQM12 走向(即北东方向)行进至脉体中段,此处脉宽 3cm,地层中可观察到垂向上差异程度较大的油浸现象,上盘油浸范围 40cm,下盘油浸范围 50cm(图 3-40)。脉宽与油浸范围均大于起点处,反映沥青脉中间宽、两端窄的特征,也说明了油浸范围与脉体宽度的正相关性。

图 3-39 第十二条沥青脉 LQM12 起点

图 3-40 第十二条沥青脉 LQM12

LQM13 的起点位于 LQM11 与 LQM12 之间，其坐标为 46°04′58.70″N，85°45′41.09″E，终点坐标为 46°05′05.01″N，85°45′47.03″E，走向 20°，延伸长度为 250m（图 3-41）。断面上可见抗风化能力强的油浸砂岩，未覆盖油浸砂岩的岩层油浸较浅，其抗风化能力弱，风化后露出未经油浸的岩层。继续沿 LQM13 走向（即北东方向）行进可追踪至 LQM13 终点，此处观察到 LQM13 与 LQM14 间夹块，其局部油浸范围可达 2m，由于岩层物性不同造成了图中油浸差异的产生（图 3-42）。

相机GPS点：46°04′58.70″N，85°45′41.09″E；
拍摄对象GPS点：46°04′58.85″N，85°45′41.26″E；
镜头方位：35°

图 3-41　第十三条沥青脉 LQM13 油浸砂岩构造露头

相机GPS点：46°05′04.79″N，85°45′46.94″E；
拍摄对象GPS点：46°05′05.01″N，85°45′47.03″E；
镜头方位：40°

图 3-42　LQM13 与 LQM14 构造剖面

LQM14 的起点位于 LQM13 南东方向上,其坐标为 46°05′03.89″N,85°45′45.98″E,终点坐标为 46°05′06.03″N,85°45′48.56″E,延伸长度 110m。图 3-43 中观察到 LQM13、LQM14 和 LQM15 3 条沥青脉近平行展布,呈现出右列的雁列式排布特征。继续沿 LQM14 走向(即北东方向)前进至脉体中段可观察到沥青脉断面,测得产状为 317°∠85°(图 3-44a);LQM14 断距不明显但脉体较宽,可达 1.0~1.2m,油浸范围可达 2m,断面上可观察到物性差异导致的油浸差异(图 3-44b)。

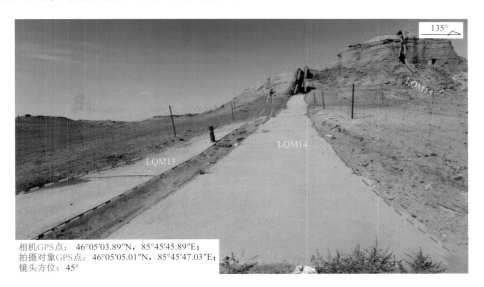

相机GPS点: 46°05′03.89″N, 85°45′45.89″E;
拍摄对象GPS点: 46°05′05.01″N, 85°45′47.03″E;
镜头方位: 45°

图 3-43 LQM13、LQM14 和 LQM15 平、剖面展布图

相机GPS点: 46°05′05.15″N, 85°45′47.42″E;
拍摄对象GPS点: 46°05′05.31″N, 85°45′47.63″E;
镜头方位: 40°

(a)LQM14断面及脉体宽度

拍摄对象GPS点: 46°05′05.31″N, 85°45′47.63″E

(b)LQM14油浸现象差异程度

图 3-44 LQM14 脉体构造露头

　　LQM15 的 起 点 位 于 LQM13 终 点 东 部，其 坐 标 为 46°05′04.73″N，85°45′48.39″E，终 点 坐 标 为 46°05′14.18″N，85°45′04.62″E，产状 129°∠86°，延伸长度为 450m（图 3-45）。LQM15 脉宽由下到上逐渐变窄，由 32cm 减小至 2cm。沿走向向北东方向前进至 LQM15 中部，断面上可观察到油浸砂岩，油浸程度因岩层物性不同而存在差异，表现为不同颜色油浸砂岩相间排布（图 3-46）。继续沿走向前进至坐标点 46°05′08.82″N，85°45′55.61″E，观察到 LQM15 与 LQM16 近平行展布，LQM15 断距 40cm，断面上可观察到油浸差异（图 3-47）。

图 3-45　第十五条沥青脉 LQM15 起点构造露头

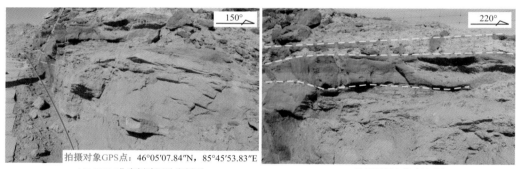

(a)LQM15 北东侧油浸砂岩剖面　　　　　　　　　(b)具差异程度的油浸现象

图 3-46　第十五条沥青脉 LQM15 中部构造剖面

图 3-47　第十五条沥青脉 LQM15 终点构造剖面

LQM16 的起点位于 LQM15 起点南东方向上,坐标为 46°05′04.02″N,85°45′49.18″E,终点坐标 46°05′11.80″N,85°46′00.57″E,走向 42°,延伸长度为 350m。图 3-48a 露头中可观察到 LQM16 与 LQM15 近平行排布,并向远端逐渐汇合(图 3-48b)。LQM16 产状为 323°∠83°,脉宽 26cm,断面上可观察到明显的由物性差异导致的油浸差异,两条脉体间所夹断块内油浸范围可达 1m(图 3-48c)。

(a)LQM15、LQM16平面排布露头

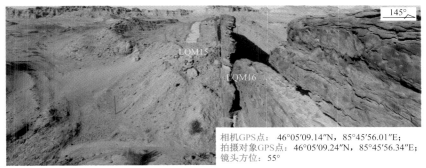

(b)LQM15与LQM16交会露头

(c)LQM16脉宽测量

图 3-48 LQM15 与 LQM16 构造露头

沥青脉 LQM17 单独出现,与其他 16 条脉体相距较远,整体位于 LQM16 南东方向上。其起点坐标为 46°05′02.57″N,85°45′58.25″E,终点 46°05′00.93″N,85°45′07.64″E,产状 348°∠84°,延伸长度为 210m(图 3-49a)。LQM17 断面平直,阶步发育且非水平产状,揭示沥青脉形成于张扭性构造背景下(图 3-49b)。沿 LQM17 走向(即南西西方向)前进可观察到油浸砂岩剖面,测得 LQM17 油浸范围 24cm,脉宽 40cm;其两壁油浸砂岩抗风化能力较强并保存完好(图 3-50)。

相机GPS点：46°05′02.29″N，85°45′05.15″E；
拍摄对象GPS点：46°05′02.05″N，85°45′03.22″E；
镜头方位：255°

(a)LQM17构造露头

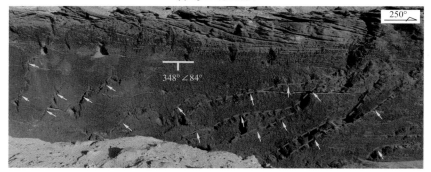

348°∠84°

(b)LQM17南东侧断层擦痕和阶步

图3-49　第十七条沥青脉LQM17

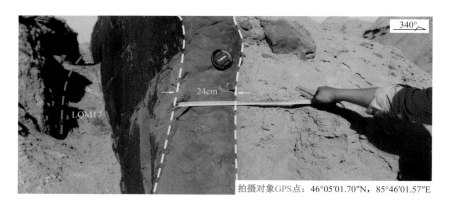

24cm

拍摄对象GPS点：46°05′01.70″N，85°46′01.57″E

图3-50　LQM17油浸砂岩

在乌尔禾17条沥青脉野外露头中采集了24块样品，采集位置均为17条沥青脉的两壁岩石，样品类型包括油浸砂岩，以及不含油砂岩、不含油粉砂岩（采样点坐标见表3-5）。24块样品中，共有20块油浸砂岩、3块不含油砂岩和1块不含油泥质粉砂岩。24块样品岩石视密度多在 1.6～1.8g/cm³，有效孔隙度多在24%～35%，而渗透率变化范围很大：饱含油油浸砂岩的孔隙度（31.1%～36.4%）、渗透率（4420～5000mD）最大，含油砂岩孔隙度（24.4%～35.0%）、渗透率（130～4850mD）次之，不含油砂岩和不含油泥质粉砂岩的孔隙度（9.0%～33.3%）、渗透率（2.78～1900mD）最小。可见，岩石的孔隙度是控制油浸程度的关键因素，而岩石中黏土含量也是影响岩石孔隙度的因素之一。此外，沥青脉两壁砂岩的油浸程度随着远离沥青脉断面逐渐减弱，可见离断面的距离也是控制油浸程度的关键因素之一。

表3-5　乌尔禾沥青脉两壁油浸砂岩孔渗碳氯分析结果

序号	样品编号	原样号	岩石定名	岩石视密度（g/cm³）	孔隙度（%）		渗透率（mD）		碳酸盐含量（%）	氯盐含量（mg/kg）	含油情况	胶结程度	备注	取样GPS点	
					总孔隙度	有效孔隙度	垂直	水平						纬度（N）	经度（E）
4	2015-09590	Wu004	24cm处油浸砂岩	1.70		24.4		130					包封与乌尔禾	460512.69	854549.87
5	2015-09591	Wu005	31cm处油浸砂岩	1.64		28.4		401					包封与乌尔禾	460512.69	854549.87
6	2015-09592	Wu006	油浸砂岩	1.61		30.6		646					包封与乌尔禾	460514.35	854555.91
7	2015-09593	Wu007	油浸砂岩	1.60		28.5							包封与乌尔禾	460511.96	854549.55
8	2015-09594	Wu008	75cm处油浸砂岩	1.52		31.1		600					包封与乌尔禾	460511.32	854547.39
9	2015-09595	Wu009	15cm处油浸砂岩	1.70		24.9		144					包封与乌尔禾	460511.32	854547.39
10	2015-09596	Wu010	6.5m处油浸砂岩	1.64		30.8		4850					包封与乌尔禾	460508.76	854541.81
11	2015-09597	Wu011	1.2m处油浸砂岩	1.77		29.1		937					包封与乌尔禾	460508.76	854541.81
12	2015-09598	Wu012	1.5m处油浸砂岩	1.66		35.0		2930					包封与乌尔禾	460508.32	854539.52
13	2015-09599	Wu013	11.3m处油浸砂岩	1.72		32.5		1060					包封与乌尔禾	460508.32	854539.52
14	2015-09600	Wu014	不含油砂岩	1.75		31.6		557					包封与乌尔禾	460506.41	854534.75
15	2015-09601	Wu015	饱含油油浸砂岩	1.66		35.2		>5000					包封与乌尔禾	460506.41	854534.75

续表

序号	样品编号	原样号	岩石定名	岩石视密度（g/cm³）	孔隙度（%）总孔隙度	孔隙度（%）有效孔隙度	渗透率（mD）垂直	渗透率（mD）水平	碳酸盐含量（%）	氯盐含量（mg/kg）	含油情况	胶结程度	备注	取样GPS点纬度（N）	取样GPS点经度（E）
16	2015-09602	Wu016	饱含油油浸砂岩	1.63		36.4		>5000					包封蜡尔禾	460506.49	854535.02
17	2015-09603	Wu017	含油油浸砂岩	1.74		31.3		218					包封蜡尔禾	460506.49	854535.02
18	2015-09604	Wu018	饱含油油浸砂岩	1.62		36.4		>5000					包封蜡尔禾	460506.63	854535.76
19	2015-09605	Wu019	不含油砂岩	1.67		33.3		1900					包封蜡尔禾	460507.68	854538.78
20	2015-09606	Wu020	含油油浸砂岩	1.72		32.6		968					包封蜡尔禾	460507.68	854538.78
21	2015-09607	Wu021	饱含油油浸砂岩	1.66		35.6		>5000					包封蜡尔禾	460507.68	854538.78
22	2015-09608	Wu022	上盘油浸砂岩	1.76		28.5		12.0					包封蜡尔禾	460507.50	854540.09
23	2015-09609	Wu023	饱含油油浸砂岩	1.78		29.5		174					包封蜡尔禾	460455.40	854536.19
24	2015-09610	Wu024	饱含油细砂岩	1.70		31.1		88.2					包封蜡尔禾	460505.01	854547.03
25	2015-09611	Wu025	不含油泥质粉砂岩	1.78		30.6		157					包封蜡尔禾	460505.01	854547.03
26	2015-09612	Wu026	不含油砂岩	2.40		9.0		2.78					包封蜡尔禾	460507.84	854553.83
27	2015-09613	Wu027	饱含油细砂岩	1.65		35.2		4420					包封蜡尔禾	460507.84	854553.83

饱含油　　油浸　　不含油

测试单位：中国石油天然气股份有限公司新疆油田分公司实验检测研究院

三、乌尔禾沥青脉露头区综合认识

乌尔禾沥青脉为张性裂缝或断裂,平面上呈雁列状排列,推测为张扭性应力环境。乌尔禾沥青脉野外勘察发现该地区发育 17 条沥青脉,长度 30～620m 不等(图 3-51)。其主要特征为:(1)乌尔禾地区沥青脉是早期轻质油沿张性裂缝上涌,经后期稠化而形成的;(2)剖面上观察到乌尔禾沥青脉断面平直、垂直阶步发育、伴生正断层发育,兼具走滑断层与正断层特征,故为张扭性断裂构造;(3)在乌尔禾沥青脉平面分布图上,沥青脉 LQM1—LQM7 呈现左列排布,而 LQM8—LQM16 呈现右列排布,16 条沥青脉整体呈帚状。根据以上野外观察现象,可推测沥青脉形成时为张扭性应力环境。

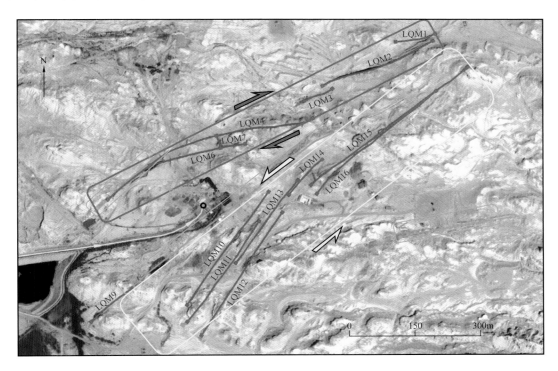

图 3-51　乌尔禾沥青脉左列、右列共生的雁列式平面展布特征

参阅前人研究成果,乌尔禾地区位于哈拉阿拉特山前乌尔禾单断展背斜区,沥青脉发育于该背斜区顶部,即局部张应力环境中,为张性裂缝的形成提供了条件;此外,由于临近其北西方向的达尔布特走滑断裂,该背斜带下部的隐伏逆冲断层兼具走滑性质。因此,在乌尔禾单断展背斜区顶部形成了特殊的张扭性裂缝,轻质油沿裂缝上涌后稠化而形成沥青脉。

第四章　和什托洛盖盆地及周缘露头区构造解析

第一节　白砾山露头区

一、交通、地质概况

　　白砾山位于克拉玛依市北东方向约 100km，从克拉玛依市出发，经由 G3015 国道、S318 省道行车约 2.5 小时即可到达（图 4-1、图 4-2）。白砾山位于达尔布特断裂的北西一侧的和什托洛盖盆地，距离达尔布特断裂垂线距离约为 15km，其在地形上表现为正地形，海拔最高可达 870m，其构造及演化过程十分复杂。

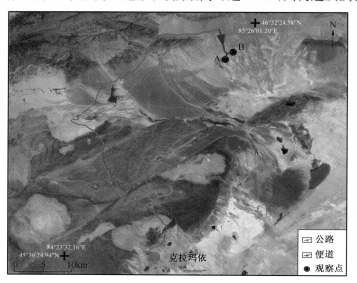

图 4-1　白砾山露头区卫星图

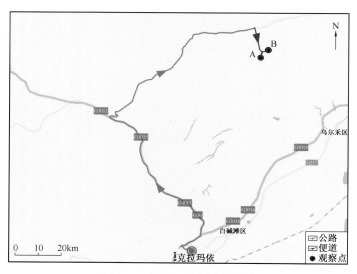

图 4-2　白砾山露头区交通图

白砾山地区地层主要出露石炭系和布克河组、三叠系白砾山组、侏罗系八道湾组、侏罗系三工河组、侏罗系西山窑组及侏罗系头屯河组。其中，石炭系和布克河组与三叠系白砾山组之间接触关系为角度不整合，三叠系白砾山组与侏罗系八道湾组之间接触关系为平行不整合。白砾山在地质历史时期经历过较强的构造运动，断层、褶皱发育，其中断层主要分布在白砾山南侧，且在断层北侧发育北东—南西走向的背斜（图4-3）。白砾山南侧断层北倾，倾角约为80°，为逆冲断层，对白砾山地区的构造变形具有控制作用。

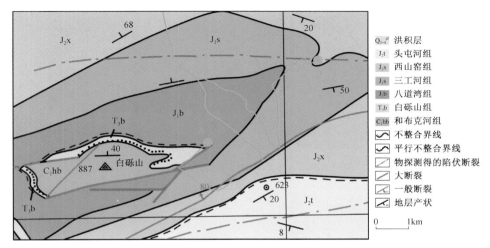

图4-3　白砾山露头区地质图

二、典型露头构造解析

本次白砾山路线野外勘察主要包含两个观察点A、B（图4-1、图4-2、图4-3）。其中，A观察点为白砾山南侧逆冲断层及其上盘褶皱（背斜），B观察点为白砾山北东方向4km处褶皱（背斜、向斜）转折端。在观察点A，野外观察到一系列逆冲断层或断裂带露头及背斜核部典型剖面；在观察点B，野外观察到多处背斜、向斜转折端经风化剥蚀后在地表出露的典型平面露头。典型露头的具体构造解析如下。

图4-4露头中可观察到白砾山逆冲断层及上下盘的几何学特征。断层为北东—南西走向，断面较陡，其上下两盘地层均为侏罗系西山窑组，但地层产状差别很大，下盘地层较缓，倾向近南，上盘地层较陡，倾向南东。结合地质图（图4-3）分析，此处上盘地层应为白砾山背斜产状较陡的前翼。该断层结构特征明显，可分为滑动破碎带和诱导裂缝带，其中滑动破碎带岩石破碎严重，诱导裂缝带节理发育，然而由于其岩性以砂岩、粉砂岩为主，在强烈的风化作用下难以观察到大量的断层识别标志，仅在其上盘局部观察到摩擦镜面和断层擦痕，擦痕指向指示该断层为逆冲断层。

如图4-5所示，F1断裂带宽度约为1.5m，走向北东—南西向，约220°。由于F1断裂所处西山窑组，其岩性以砂岩、粉砂岩为主，在强烈的风化作用下难以观察到大量的断层识别标志，仅在其上盘局部观察到摩擦镜面和断层擦痕，擦痕指向指示该断层为逆冲断层。

在F1断裂带（图2-201）构造露头的南西方向，即46°23′20.48″N，85°17′00.08″E处，向北东可观察到白砾山构造剖面。剖面中可观察到位于中间的F1断裂及两侧地层的产状，其上盘（北西盘）地层南东倾向且倾角较陡，其下盘（南西盘）地层南东倾向且倾角较缓，断层F1两侧的地层产状分布与断层传播褶皱相吻合（图4-6）。

向西行进至白砾山东侧的石炭系与三叠系角度不整合构造露头处（图4-7a），其下伏地层为石炭系和布克河组，以火成岩为主，地层倾角约为31°；上覆地层为三叠系白砾山组，以灰白色沙砾岩为主，地层倾角约为15°。在不整合面之上局部可见透镜状砂体，长度约为3m，厚度45cm，长宽比可达20∶3（图4-7b）。

(a)典型露头高分辨率照片

(b)构造解析

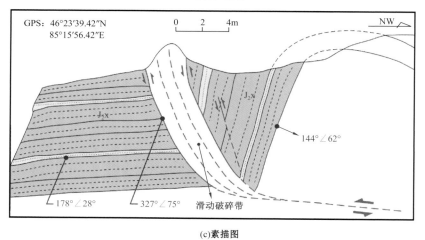

(c)素描图

图 4-4　白砾山 F1 断裂带及素描图

相机GPS点：46°23′43.55″N，85°17′38.09″E；
拍摄对象GPS点：46°23′43.37″N，85°17′37.95″E；
镜头方位：219°

(a)F1断裂构造露头

(b)F1断裂带局部露头

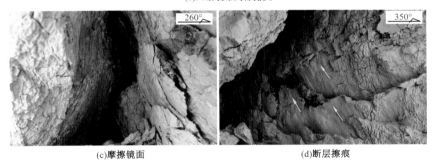

(c)摩擦镜面   (d)断层擦痕

图4-5 F1断裂带擦痕及摩擦镜面

相机GPS点：46°23′20.48″N，85°17′00.08″E；
拍摄对象GPS点：46°23′43.37″N，85°17′37.95″E；
镜头方位：65°

图4-6 F1断裂带远景图

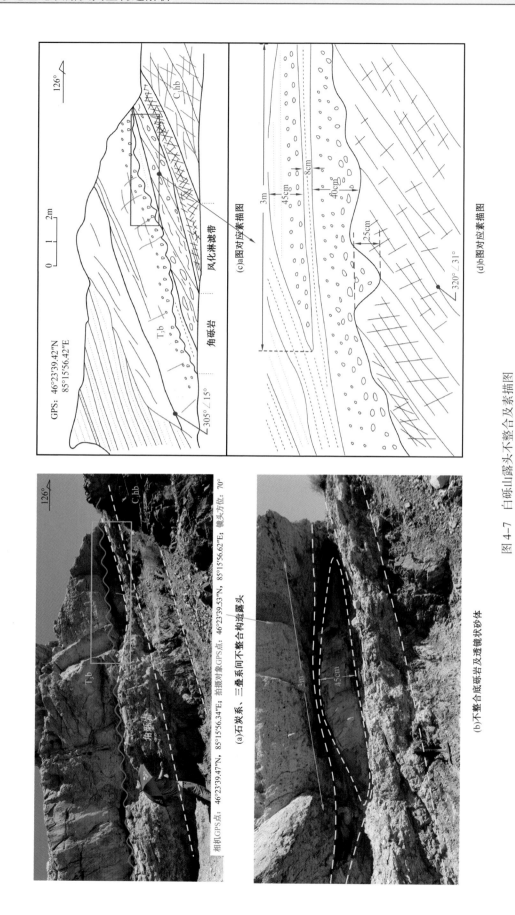

图 4-7　白砾山露头不整合及素描图

如图 4-8 所示,白砾山不整合未见完整的不整合 3 层结构,仅可见剖面上部的底砾岩(图 4-8c)和下部的风化淋滤带(图 4-8d),缺失之间的风化壳,推测原因为其上部三叠系为砂砾岩,缺乏充分的黏土矿物来源。

相机GPS点：46°23′39.47″N，85°15′56.34″E；拍摄对象GPS点：46°23′39.53″N，85°15′56.62″E；镜头方位：70°

(a)不整合构造解析

(b)透镜状砂体

(c)底砾岩　　　　　　　　　　　　　　　　(d)风化淋滤带

图 4-8　白砾山露头不整合结构图

　　向北西方向前行仍可以继续追踪到白砾山的不整合露头，其下伏地层为石炭系和布克河组，以火成岩为主，上覆地层为三叠系白砾山组，以灰白色沙砾岩为主。不整合面上、下两套地层产状明显不同，呈现角度不整合接触关系（图4-9）。不整合结构内部观察到一处小型断层。该断层错断不整合面及上部底砾岩，呈现逆断层特征，推断其活动时期晚于 T_3（图4-10）。

相机GPS点：46°23′41.39″N，85°15′53.25″E；拍摄对象GPS点：46°23′41.52″N，85°15′53.34″E；镜头方位：34°

图4-9　白砾山露头不整合

拍摄对象GPS点：46°23′41.64″N，85°15′53.43″E

图4-10　白砾山路线小型断层

继续向东前进可观察到白砾山组与侏罗系八道湾组之间的断裂F2，F2断裂呈现逆断层特征，断裂走向为50°，其上盘为三叠系，下盘为侏罗系（图4-11）。与F1断裂带（图4-5）构造露头相似，剖面中可观察到位于中间的F2断裂及两侧地层的产状，其上盘（北西盘）地层呈现不对称的背斜形态，在临近断层的位置地层南东倾向且倾角较陡，其下盘（南西盘）地层南东倾向且倾角较缓，断层F1两侧的地层产状分布与断层传播褶皱相吻合。

相机GPS点：46°23′41.23″N，85°15′58.54″E；拍摄对象GPS点：46°23′43.82″N，85°16′03.83″E；镜头方位：50°

(a)典型露头高分辨率照片

相机GPS点：46°23′41.23″N，85°15′58.54″E；拍摄对象GPS点：46°23′43.82″N，85°16′03.83″E；镜头方位：50°

(b)构造解析

图4-11　白砾山组与侏罗系之间F2断裂野外照片及构造解析

继续向北东方向前行可观察到3条断裂带的构造露头（图4-12a），分别命名为F2断裂带、F3断裂带和F4断裂带。其中，F2断裂带及两盘地层展布特征如图4-11所示。F3、F4断裂带位于石炭系和布克河组内部，平剖面露头中可观察到断层的交会现象（图4-12b）。图4-12c为F4断裂带的构造剖面。图4-12中露头的构造解析见图4-13。

图4-13为F2、F3和F4断裂带构造解析。其中，F2断裂带为白砾山断层传播褶皱构造的主控断层（图4-13a）。其上盘中F3和F4断裂带位于石炭系和布克河组内部，地层倾角为45°，分支断裂发育（图4-13b）。F3断裂带与F4断裂带汇合，并被F2断裂带所限制，故可判断F3、F4断裂带发育时间晚于F2断裂带。F4断裂带产状为255°∠86°，其断裂带结构特征明显，可划分出滑动破碎带与诱导裂缝带（图4-13c）。

继续向北东方向行进可观察到一处逆冲断层，命名为F5，该断层为石炭系和布克河组逆冲到三叠系白砾山组之上，断层面北西倾，倾角不大于25°（图4-14）。

在F5断层下盘可见白砾山组与和布克河组之间的不整合接触关系：其下伏地层为石炭系和布克河组，以火成岩为主，地层倾角约为31°；上覆地层为三叠系白砾山组，以灰白色砂砾岩为主，地层倾角约为15°。不整合面上、下两套地层产状明显不同，呈现角度不整合接触关系。不整合面被F5断层错断，可推断其活动时期晚于三叠纪。该不整合未见完整的不整合3层结构，仅可见剖面上部的底砾岩和下部的风化淋滤带，未见其间的风化壳。

相机GPS点：46°23′46.29″N，85°16′02.97″E；拍摄对象GPS点：46°23′47.48″N，85°16′03.18″E；镜头方位：55°

(a)F2、F3、F4断裂带构造露头全景

相机GPS点：46°23′46.30″N，85°16′03.22″E；拍摄对象GPS点：46°23′47.48″N，85°16′03.18″E；镜头方位：25°

(b)F3、F4断裂带平剖面交会关系

(c)F4断裂带结构特征

图4-12　F2、F3、F4断裂带构造露头

相机GPS点：46°23′46.29″N，85°16′02.97″E；拍摄对象GPS点：46°23′47.48″N，85°16′03.18″E；镜头方位：55°

(a)F2、F3、F4断裂带构造露头全景

相机GPS点：46°23′46.30″N，85°16′03.22″E；拍摄对象GPS点：46°23′47.48″N，85°16′03.18″E；镜头方位：25°

(b)F3、F4断裂带平剖面交会关系

(c)F4断裂带结构特征

图4-13　F2、F3、F4断裂带构造解析

相机GPS点：46°23′46.85″N，85°16′05.89″E；拍摄对象GPS点：46°23′46.90″N，85°16′06.15″E；镜头方位：59°

(a)三叠系和石炭系间不整合及内部逆断层F5

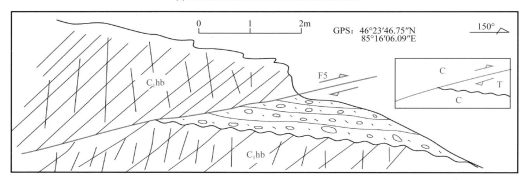

(b)不整合及逆冲断层素描图

图4-14　逆冲断层F5及素描图

继续向北东方向行进可观察到图4-15所示的白砾山背斜构造露头，露头中地层包括石炭系和布克河组、三叠系白砾山组和侏罗系八道湾组。其中，石炭系和布克河组与三叠系白砾山组两者之间为角度不整合，三叠系白砾山组和侏罗系八道湾组之间为平行不整合(图4-15b、图4-15c)。白砾山背斜南东翼(即前翼)地层产状较陡，可达67°，北西翼(即后翼)地层产状较缓，仅为24°。与断层相关褶皱模型进行对比，可判断白砾山背斜应为典型的断层传播褶皱，断距沿断层面向上递减，导致上盘背斜前翼地层陡倾甚至反转。

继续向北东方向前进可观察到白砾山断层上盘背斜核部的一处典型露头，该剖面呈现了如图4-16中背斜相似的几何学特征。但在该背斜核部发育了一条小型的层间逆冲断层，断距约为1.5m。该剖面测得背斜枢纽走向为67°，北西翼地层产状为300°∠35°，南东翼地层产状为135°∠52°，总体呈现出断层传播褶皱的特征(图4-16)。

继续沿背斜枢纽向北东方向前进可观察到图4-17中所示的白砾山背斜转折端远景图。该图显示了白砾山地层沿着下伏南东向逆断层向上运动形成背斜并遭受剥蚀后的几何学形态。现今的构造露头中可观察到上盘背斜的平面和剖面形态(图4-17b)：白砾山背斜北东—南西向延伸范围可达数千米且向南西向倾伏；剖面中北西翼地层倾角普遍比南东翼缓，按其形态为不对称褶皱，按成因则为断层传播褶皱。

向北东方向前进来到本条线路的B观察点，即坐标点46°25′31.49″N，85°19′13.43″E。图4-18构造露头中可观察到三工河组向斜。在露头附近测得多组地层产状，由向斜北西翼至转折端再至南东翼的地层产状依次为113°∠42°、95°∠50°、55°∠53°、14°∠48°和4°∠43°等。该向斜两翼地层相向倾斜，两翼间夹角较大，该向斜为一开阔的对称褶皱。

(a)典型露头高分辨率照片

(b)构造解析

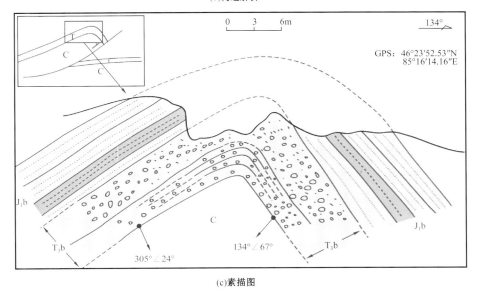

(c)素描图

图4-15　白砾山背斜核部及素描图

相机GPS点：46°23′52.71″N，85°16′14.86″E；
拍摄对象GPS点：46°23′53.06″N，85°16′15.39″E；
镜头方位：60°

(a)典型露头高分辨率照片

相机GPS点：46°23′52.71″N，85°16′14.86″E；
拍摄对象GPS点：46°23′53.06″N，85°16′15.39″E；
镜头方位：60°

(b)构造解析

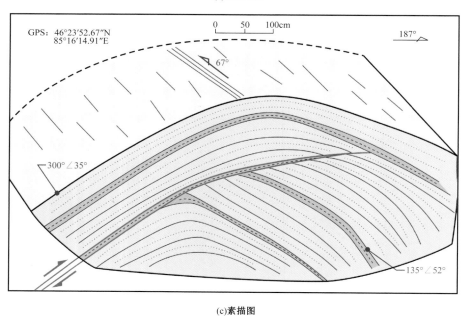

(c)素描图

图4-16　白砾山背斜核部及素描图

相机GPS点：46°23′53.51″N，85°16′17.51″E；拍摄对象GPS点：46°23′54.48″N，85°16′18.85″E；镜头方位：50°

(a)典型露头高分辨率照片

相机GPS点：46°23′53.51″N，85°16′17.51″E；拍摄对象GPS点：46°23′54.48″N，85°16′18.85″E；镜头方位：50°

(b)构造解析

图4-17　白砾山背斜转折端构造露头

相机GPS点：46°23′31.49″N，85°19′13.43″E；拍摄对象GPS点：46°25′32.61″N，85°19′15.34″E；镜头方位：50°

(a)典型露头高分辨率照片

相机GPS点：46°23′31.49″N，85°19′13.43″E；拍摄对象GPS点：46°25′32.61″N，85°19′15.34″E；镜头方位：50°

(b)构造解析

图4-18　三工河组向斜核部

在图4-18构造露头的南侧,可观察到图4-19中所示的构造露头。然而,该构造露头为平面露头,而非剖面露头。该露头中观察到不对称的小向斜,并可观察到数条层间小断层(图4-19b、图4-19c),在断层活动的控制下,地层中可观察到牵引褶皱(图4-19c),推测断层的形成时间晚于层间褶皱。

相机GPS点：46°25′33.06″N，85°19′16.01″E；
拍摄对象GPS点：46°25′33.15″N，85°19′16.23″E；
镜头方位：55°

(a)层间褶皱远景

(b)层间褶皱局部露头

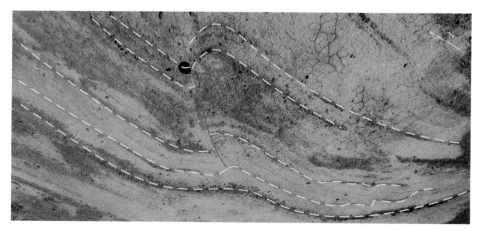

(c)层间小断层

图4-19　三工河组向斜内部层间小褶皱

向南西方向前进在坐标点46°25′29.80″N，85°18′31.39″E可观察到八道湾组背斜（图4-20）。在该露头中测得多组地层产状，从背斜北西翼至核部至南东翼的地层产状依次为130°∠61°、125°∠59°、30°∠38°、344°∠24°和8°∠43°等。该背斜北西翼地层倾角比南东翼大，为不对称背斜，背斜轴面南东倾向，背斜整体向北东倾伏（图4-20b）。

图4-20　八道湾组背斜

八道湾组背斜内部还可观察到多组层间小褶皱（图4-21a、图4-21b）。该褶皱形态不对称，褶皱内部发育数条小型断层（图4-21c）；该断层错断褶皱，其形成时间晚于层间褶皱。地层褶皱变形后，由于地层的不均一性导致内部应力不均一而发育小型层间断层。

表4-1为白砾山背斜核部八道湾组油砂氯仿沥青"A"测试结果，该处采集油砂样品两个，分别为S004（46°23′34.12″N，85°16′03.85″E）和S005（46°23′34.75″N，85°16′04.14″E）。两个样品的荧光级别均为1级，氯仿沥青"A"的百分含量为0.13%～0.17%。

表4-1　白砾山八道湾组油砂氯仿沥青"A"测试结果

地区		白砾山	井号		无	分析日期	2015/0813			
序号	样品编号	原样号	样品深度	井段	样品描述	含油情况	胶结程度	荧光级别	氯仿沥青"A"			备注
									取样量（g）	质量（g）	含量（%）	
1	2015-08890	S004			八道湾组油砂			1	31.61	0.0004	0.0013	浸泡
2	2015-08891	S005			八道湾组油砂			1	42.07	0.0007	0.0017	浸泡

测试单位：中国石油天然气股份有限公司新疆油田分公司实验检测研究院。

相机GPS点：46°25′30.52″N，85°18′32.91″E；拍摄对象GPS点：46°25′30.85″N，85°18′33.33″E；镜头方位：52°

(a)八道湾组背斜

(b)小型层间褶皱

(c)小型层间断层

图4-21　八道湾组背斜内部层间小褶皱

三、白砾山露头区综合认识

通过野外露头的观察和实地测量,可知白砾山剖面为典型的断层传播褶皱,其下伏断层南东向逆冲形成了上盘北东—南西走向的短轴背斜,高清卫星图片的构造解析亦可得出此结论(图 4-22)。

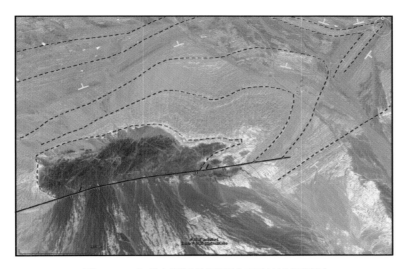

图 4-22　白砾山断层传播褶皱卫星构造解析图

白砾山野外勘察发现该地区发育一条起主导作用的北东东—南西西走向的逆冲断层和多条与其近平行的次级逆断层,断层上盘均沿断层面向南东方向逆冲。逆冲断层的发育导致上盘较老的石炭系、三叠系与下盘较新的侏罗系接触,并在断层上盘(即北西盘)形成背斜,前翼较陡,后翼稍缓(图 4-23)。由于该背斜的长短轴比介于 3∶1 到 5∶1 之间,故为一短轴背斜。背斜北东方向地层弯曲程度不同,出现一系列开阔或紧闭褶皱。

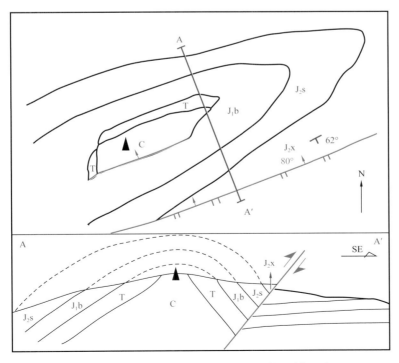

图 4-23　白砾山路线构造纲要图及构造剖面图

第二节 布龙果尔露头区

一、交通、地质概况

布龙果尔沟位于克拉玛依市北西侧约 150km、和布克赛尔蒙古自治县南东方向约 30km 处（图 4-24、图 4-25）。从克拉玛依市出发，经由奎阿高速行车约 2.5 小时即可到达。布龙果尔沟在地形上表现为一条北北东方向的深沟，海拔为 950m，位于准噶尔盆地西北缘和什托洛盖盆地山前带的布龙果尔地区，处于谢米斯台褶皱造山带和沙尔布尔提褶皱造山带的交会部位，其构造及演化过程十分复杂。

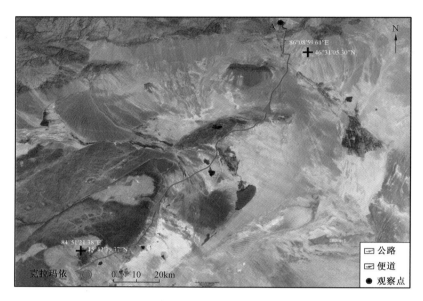

图 4-24 布龙果尔露头区卫星图

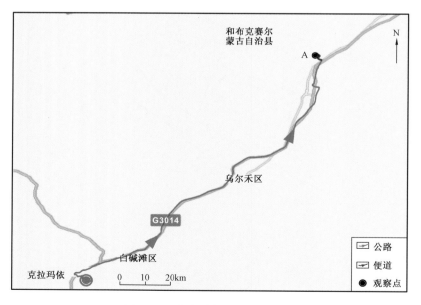

图 4-25 布龙果尔露头区交通图

布龙果尔地区在地质历史时期经历过强烈的构造运动,导致大部分地层缺失,在其整个地层组成上现今只残留有较完整的中泥盆统呼吉尔斯特组、下侏罗统八道湾组及新近系的乌伦古河组(图4-26)。其中,石炭系和布克河组与石炭系黑山头组之间为角度不整合接触,和布克河组与石炭系呼吉尔斯特组下亚组之间也为角度不整合接触。该区域断裂、褶皱发育,其中布龙果尔断裂为北东—南西走向,南东倾向,倾角为70°,对布龙果尔沟附近的构造变形具有控制作用。

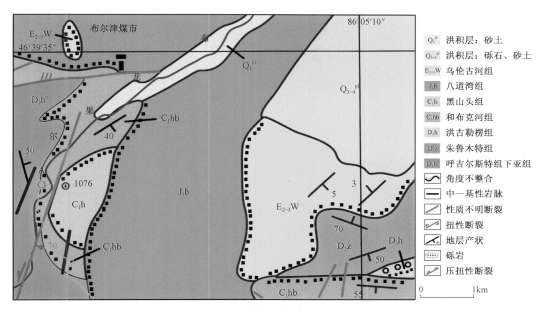

图4-26　布龙果尔露头地质图

二、典型露头构造解析

布龙果尔剖面野外观察到的典型露头包括布龙果尔断裂、数条伴生小断层及多个小型褶皱。典型露头的具体构造解析如下。

图4-27所示为布龙果尔断裂带高分辨率照片、构造解析及素描图。该露头位置见图4-26中所示观察点。

该断层为北东—南西走向,倾向南东,倾角60°~70°(图4-27b)。布龙果尔断裂北西盘(下盘)为石炭系和布克河组生物碎屑灰岩,南东盘(上盘)为石炭系黑山头组火山岩。该断裂结构特征明显,可见明显的滑动破碎带和诱导裂缝带。

据该露头精细构造解析(图4-27b、图4-27c),滑动破碎带岩石破碎严重,可见构造角砾岩、泥岩涂抹现象、断层擦痕等;其两侧的诱导裂缝带节理发育,断层上盘火山岩的节理密度(15~20条/m)明显高于下盘生物碎屑灰岩中的节理密度(5~10条/m)。

根据滑动破碎带内部构造透镜体的排布方向、上盘石炭系分支断层的两侧运动方向、断裂带内部泥岩涂抹现象的方向和断层面擦痕方向等,可判断出布龙果尔断裂为张性正断层,但可能存在一定量的侧向断层滑移量(图4-27b、c)。

布龙果尔断裂滑动破碎带岩石破碎严重,可见构造角砾岩(图4-28b)、泥岩涂抹现象(图4-28c)、断层擦痕等(图4-28c、图4-28d);诱导裂缝带节理发育,断层上盘的节理密度明显高于下盘。图4-28a中地层被断层的截切关系、图4-28c中泥岩涂抹现象及图2-224d中断层擦痕方向等依据,均指示布龙果尔断裂为张性正断层。

相机GPS点：46°38′02.80″N，86°00′34.15″E；
拍摄对象GPS点：46°38′01.73″N，86°00′33.82″E；
镜头方位：200°

(a)典型露头高分辨率照片

相机GPS点：46°38′02.80″N，86°00′34.15″E；
拍摄对象GPS点：46°38′01.73″N，86°00′33.82″E；
镜头方位：200°

(b)构造解析

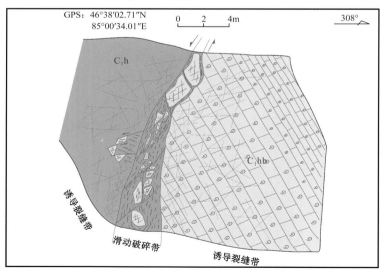

(c)素描图

图4-27　布龙果尔断裂带高分辨率照片、构造解析及素描图

相机GPS点：46°38′02.42″N，86°00′34.35″E；
拍摄对象GPS点：46°38′01.73″N，86°00′33.82″E；
镜头方位：225°

(a)F1断裂带分支断层

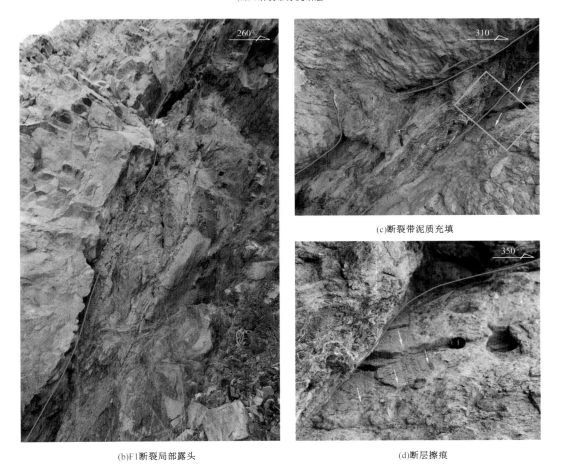

(b)F1断裂局部露头

(c)断裂带泥质充填

(d)断层擦痕

图4-28 布龙果尔断裂带内部结构特征

在布龙果尔路线同时观察到多组小型褶皱,发育位置多位于布龙果尔断裂带的下盘(即北西盘),如图4-29 至图 4-32 构造露头所示。

图 4-29 为布龙果尔断裂构造露头下盘褶皱高分辨率照片、构造解析及素描图。该露头左侧为北东—南西走向的高陡正断层,即布龙果尔断裂,断裂上盘为石炭系黑山头组,下盘为石炭系和布克河组(图4-29b)。剖面中褶皱发育在断层下盘,紧邻布龙果尔断裂,地层以生物碎屑灰岩、砂岩和粉砂岩为主(图4-29c)。地层受南东—北西方向挤压应力发生弯曲而形成一个开阔且不对称向斜,轴向为北东—南西方向,褶皱东翼较陡,可达 75°,西翼较缓,可达 35°,两翼夹角约为 80°～90°。

相机GPS点: 46°38′03.85″N,86°00′30.25″E;拍摄对象GPS点: 46°38′02.82″N,86°00′30.65″E;镜头方位: 185°

(a)典型露头高分辨率照片

相机GPS点: 46°38′03.85″N,86°00′30.25″E;拍摄对象GPS点: 46°38′02.82″N,86°00′30.65″E;镜头方位: 185°

(b)构造解析

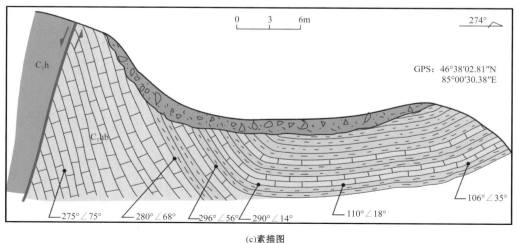

(c)素描图

图 4-29　布龙果尔断裂下盘褶皱高分辨率照片、构造解析及素描图

图4-30a同为布龙果尔正断层下盘(即北西盘)发育的开阔不对称向斜,该剖面与图4-29中剖面近平行,为同一褶皱不同方向的勘察露头。剖面右侧为布龙果尔正断层,断层南东盘为火山岩,断层北西盘为砂岩、粉砂岩。根据野外地层产状测量,褶皱靠近断层的南东翼较陡,远离断层的北西翼较缓,褶皱轴向北东—南西方向,约30°(图4-30b)。

相机GPS点:46°38′03.63″N,86°00′30.56″E;拍摄对象GPS点:46°05′06.17″N,86°45′30.76″E;镜头方位:10°

(a)典型露头高分辨率照片

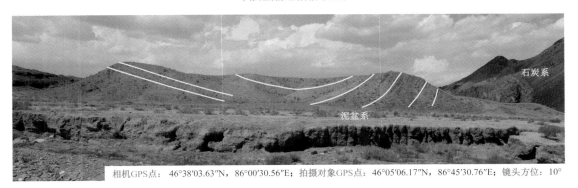

相机GPS点:46°38′03.63″N,86°00′30.56″E;拍摄对象GPS点:46°05′06.17″N,86°45′30.76″E;镜头方位:10°

(b)构造解析

图4-30　布龙果尔断裂下盘褶皱高分辨率照及构造解析(观察点2)

图4-31a中所示剖面为布龙果尔下盘褶皱构造露头,地层以泥岩、砂岩、细砾岩为主,露头中可观察到相邻的一组背斜A和向斜B(图4-31b、图4-31c)。该剖面中褶皱与图4-29、图4-30为同一套地层中发育的褶皱,剖面位于前两者西侧约300m。剖面中向斜B为紧邻布龙果尔正断层的下盘褶皱,与图4-29和图4-30中断层下盘向斜相对应;在向斜B的西侧,还发育有一个背斜。剖面中背斜A和向斜B均为开阔的近似对称褶皱,背斜A两翼间夹角为145°,向斜B两翼间夹角为140°。

在布龙果尔断裂构造剖面观察点(图4-25和图4-26)南部约350m处可观察到一处层间褶皱发育的构造剖面(图4-32a),剖面走向北东—南西,与布龙果尔断层小角度斜交。剖面中地层以砂泥岩互层为主,共发育多个褶皱;剖面中背斜、向斜相间排列,背斜紧闭、向斜则相对开阔,由于剖面中地层为砂泥岩互层,砂岩层能干性强于泥岩层,故在弯曲变形时岩层弯曲程度不同,在砂岩弯曲部位内侧形成泥质充填现象(图4-32b)。

综合图4-29至图4-32野外剖面的构造解析,布龙果尔路线野外观察到的褶皱均发育于布龙果尔张性正断裂下盘,故可推断下盘褶皱的形成时间应早于布龙果尔断裂的形成时间。

在布龙果尔沟野外观察点,除布龙果尔正断层外,还观察到多处分支断层构造露头,分别为:F1分支断裂(图4-33、图4-34)、F2分支断裂(图4-35)和F3分支断裂(图4-36)。

相机GPS点：46°38′09.14″N，86°00′19.48″E；拍摄对象GPS点：46°38′09.32″N，86°00′18.59″E；镜头方位：300°

(a)典型露头野外高分辨率照片

相机GPS点：46°38′09.14″N，86°00′19.48″E；拍摄对象GPS点：46°38′09.32″N，86°00′18.59″E；镜头方位：300°

(b)构造解析

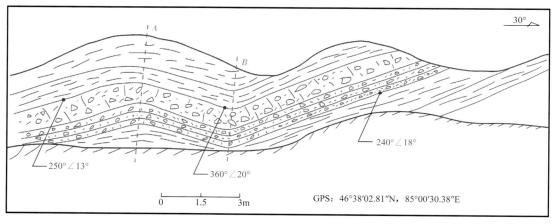

GPS：46°38′02.81″N，85°00′30.38″E

(c)素描图

图4-31　布龙果尔断裂下盘褶皱高分辨率照片、构造解析及素描图（观察点3）

　　图4-33所示为F1分支断裂带，位于布龙果尔断裂带的下盘（即北西盘），断裂带近南北走向，近东倾向，倾角约为70°～80°，由3组断层Fa、Fb和Fc组成（图4-33b、c）。通过露头中断层两盘标志层匹配，可判定3组断层均为正断层，断距1.5～5.0m不等，但整体呈现自西向东逐渐减小的趋势。其中，断距最大的Fa断层（5m）可见明显的透镜状断层破碎带，宽度约为0.3m；剖面中部的Fb断层（2m）透镜状断层破碎带宽度约为1.0m。在局部断面上可见明显擦痕，显示断层具有一定的张扭性质。

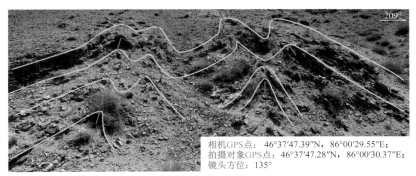

(a)构造解析

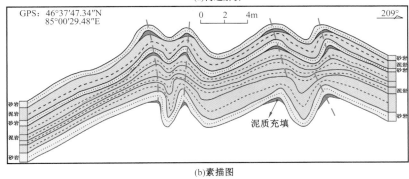

(b)素描图

图 4-32　布龙果尔断裂下盘褶皱构造解析及素描图

(a)F1分支断裂构造解析

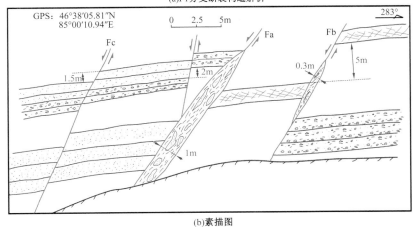

(b)素描图

图 4-33　布龙果尔断裂 F1 分支断裂构造解析及素描图

布龙果尔断裂带第一条分支断裂F1由3组断层Fa、Fb和Fc组成(图4-34a)。其中,剖面中部的Fa断层宽可达1m,其断裂带内可见大量透镜状构造角砾岩,长轴均与主断面近平行(图4-34b)。剖面右端的Fb断面平直,断层倾角50°～60°,在断层中上部可见一长短轴比约为5∶1、宽约为30cm的构造透镜体(图4-34c)。在Fb断面上发育大量断层擦痕,尽管擦痕方向不均一,但整体展现出侧下方的指向,反映F1分支断裂为张扭性正断层。

(a)F1断裂带构造剖面

(b)Fa断层破碎带宽度　　　　　(c)Fb断层及其断面

(c)断层擦痕

图4-34　F1断裂带特征

　　在 F1 断裂构造露头南西方向上观察到布龙果尔断裂的另一个小型伴生断层 F2（图 4-35a）。F2 断层走向约 164°，断层倾角约 68°，断裂带宽约 60cm（图 4-35b）。断裂带内节理发育，并有残余构造透镜体，在断面上可见明显的断层擦痕，指示 F2 断层为上盘下降的正断层（图 4-35c）。

(a)F2分支断裂构造露头

(b)F2断裂带局部露头

(c)断层擦痕

图 4-35　布龙果尔断裂伴生断层 F2

　　F3断裂位于F2断裂西侧,同样为达尔布特断裂分支断裂(图4-36a),根据断层两侧标志层判断其断距为2.0m,断裂带宽约0.9m(图4-36b)。F2断裂的滑动破碎带内部岩石破碎程度较高,可观察到椭圆状的构造透镜体,其两侧诱导裂缝带中节理发育(图4-36c)。

(a)F3断裂远景

(b)F3断裂带

(c)断裂带岩石破碎

图4-36　布龙果尔断裂伴生正断层F3

三、布龙果尔沟露头区综合认识

布龙果尔露头野外勘察主要特征为:(1)布龙果尔断裂结构特征明显,滑动破碎带宽约2~4m,两盘诱导裂缝带宽度不等,上盘(即西盘)为主动盘,诱导裂缝带较宽,可达8~10m,下盘(即东盘)为被动盘,诱导裂缝带较窄,仅2~3m;(2)在滑动破碎带边界断面上可观察到断层擦痕和阶步等断层识别标志,据其性质可知该断层为正断层,上盘为下降盘,上盘诱导裂缝带中的小分支断层性质,亦指示其为张性正断层;(3)在布龙果尔沟西侧,还观察到3组规模较小的断层(断距数十厘米到3m),根据标志层判断均为正断层,应为布龙果尔断裂的伴生断层。此外,在布龙果尔断裂下盘还观察到多个较为宽缓的褶皱,根据褶皱地层与布龙果尔断裂的交切关系,可知褶皱形成时间早于布龙果尔断裂。因此,布龙果尔断裂为正断层,且形成时期晚于褶皱的形成时间。

第五章 典型构造形成机理研究

为揭示准噶尔盆地西北缘构造变形的动力学机制和形成机理,设计了符合西北缘地质和力学背景的物理模拟实验,在实验室中选取特定的机械装置和模拟材料进行物理模拟实验。通过控制其相应的边界条件,再现了准噶尔盆地西北缘典型构造的演化过程,揭示了其形成机理。本章选取了西北缘掩覆带、乌尔禾沥青脉和红山岩体 3 个典型构造进行物理模拟。

第一节 西北缘掩覆带

重点研究"西北缘挤压环境中,冲断和走滑不同构造期次下,地层及断层在剖面和平面上的形成演化和组合特点"。实验装置选用中国石油大学(华东)自行研制的 SG-2000 构造物理模拟装置(图 5-1),不仅可以定量控制挤压和挤压剪切应力场条件(挤压速度和距离、边界条件、厚度、压力);还可观测在不同参数条件下,各阶段变形形态及演化过程。考虑实验的科学真实性,实验材料主要是粒径 0.2~0.5mm 的石英砂(标准层是同材质彩砂)、泥和橡皮泥粉,经过筛分的石英砂和泥以 5:1 的比率均匀混合后表现出的力学性质与天然岩石最为相似(有大约 30° 的摩擦角),橡皮泥粉则可以增加材料的塑性,实现软变形。针对西北缘扎伊尔山实际情况,选用混杂橡皮泥的湿砂(15% 的泥、5% 的橡皮泥粉、75% 的石英砂、5% 的水)充当石炭系,塑性强,易形成褶皱;上覆地层选用无橡皮泥粉的湿砂(16% 的泥、80% 的石英砂或彩砂、4% 的水),刚性强,易形成断裂。

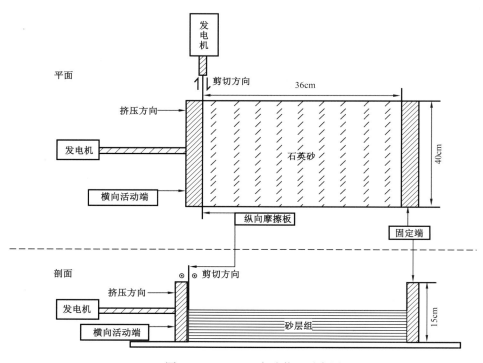

图 5-1 SG-2000 实验装置示意图

借鉴《基底收缩对挤压构造变形特征影响》（周建勋，2002）中实验设计，本实验选取"单侧基底无收缩单侧挤压剖面"模型完成对前冲断层的模拟。

一、实验阶段划分

1. 实验准备阶段

砂层厚度 56mm，各层砂平均厚度都是 8mm，其中第 2、4、6 层分别是红色、蓝色和粉色标准层，平整铺放在实验槽中（图 5-2A-a；表 5-1）。

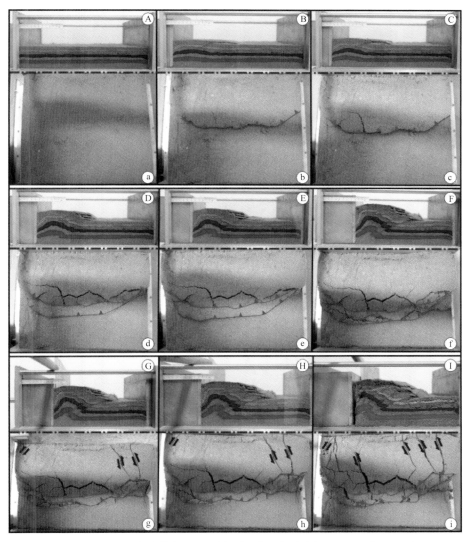

图 5-2　物理实验模拟平面、剖面断裂照片图（剖面：A-I；平面：a-i）

表 5-1　西北缘掩覆带物理模拟实验记录表

编号	阶段	载荷	位移速度	位移变化 （与原点距离）	现象
1	准备阶段	—	—	—	石英砂与彩砂平整铺放且分层明显

编号	阶段	载荷	位移速度	位移变化 （与原点距离）	现象
2	第一阶段	横向：0.5MPa 纵向：—	横向：18mm/min 纵向：—	横向挤压 10mm 纵向剪切—	平面上有推覆体产形成推覆断层 F1； 剖面上红蓝层发育滑脱褶皱，粉色层断层 f1 断距 2mm
3		横向：0.5MPa 纵向：—	横向：18mm/min 纵向：—	横向挤压 20mm 纵向剪切—	平面推覆距离延伸更长更明显； 剖面上滑脱褶皱曲率变大，f1 断距增加到 5mm
4		横向：0.5MPa 纵向：—	横向：18mm/min 纵向：—	横向挤压 30mm 纵向剪切—	平面上发育第二阶推覆断层 F2； 剖面上 f1 断距 7mm，f2 断距 2mm
5		横向：0.5MPa 纵向：—	横向：18mm/min 纵向：—	横向挤压 60mm 纵向剪切—	平面上发育第三阶推覆断层 F3； 剖面上 f1 断距 11mm，f2 断距 8mm，f3 断距 5mm
6		横向：0.5MPa 纵向：—	横向：18mm/min 纵向：—	横向挤压 80mm 纵向剪切—	平面上发育第四阶推覆断层 F4； 剖面上 f1 断距 11mm，f2 断距 8mm，f3 断距 5mm，f4 断距 16mm
7	第二阶段	横向：0.3MPa 纵向：2.5MPa	横向：10mm/min 纵向：100mm/min	横向挤压 85mm 纵向剪切 100mm	平面上发育与主剪切面呈 30° 的次级剪切面 1 条，呈近 90° 的次级断层两条且延伸较远； 剖面上在推覆断层 f3 曲率最大点派生出高角度断层 f'3
8		横向：0.3MPa 纵向：2.5MPa	横向：10mm/min 纵向：100mm/min	横向挤压 90mm 纵向剪切 200mm	平面上次级剪切裂缝增加； 剖面上在推覆断层 f1、f2 曲率最大点派生出高角度断层 f'1 和 f'2
9		横向：0.3MPa 纵向：2.5MPa	横向：10mm/min 纵向：100mm/min	横向挤压 95mm 纵向剪切 300mm	平面上剪切断层增加，与主剪切面呈 90° 的剪切面尤其明显； 剖面上派生的 f'断层切穿上覆推覆断层，呈现独立花状分支

2. 实验第一阶段——"挤压—冲断"

右侧马达施力，横向活动端以 18mm/min 的速度稳定向右挤压，挤压位移分别是 10mm、20mm、30mm、60mm 和 80mm（图 5-2B-b、C-c、D-d、E-e、F-f；表 5-1），在最左段首先形成褶皱，随着位移的变化，发育低角度推覆断层，断层数量由少变多，断距由短变长，推覆距离由近变远，在平面和剖面上出现明显的位移变化，前冲冲断相关褶皱模式由"滑脱褶皱断层—传播褶皱断层—转换褶皱断层"转变。

3. 实验第二阶段——"剪切—走滑"

右侧马达施力变小，同时纵向施加一个剪切力，来实现第二期的压扭构造背景。此时横向活动端以 10mm/min 的速度再次向右挤压，纵向摩擦板以 100mm/min 的速度对砂层最左侧施加向内的剪切力，来模拟印支期西伯利亚板块对准噶尔地块的剪切力。摩擦板纵向移动 100mm、200mm 和 300mm（图 5-2G-g、H-h、I-i；表 5-1），平面上大量发育垂直于剪切面的大角度断裂；剖面中，推覆断层曲率最大点发育高角度断层。

西北缘扎伊尔山山前造山带既有晚古生代挤压推覆构造,又存在中生代的剪切走滑构造,针对两期构造,仪器装入纵向摩擦板,通过纵向推拉摩擦板产生剪切力。故此,实验分两个阶段测试:第一阶段是挤压—冲断构造模拟;第二阶段是挤压剪切—走滑构造模拟。

实验结果表明:实验第一阶段主要为挤压推覆,和前一推覆实验结果基本一致;但在第二阶段发生剪切后,规律与前一剪切实验结果却有很大的不同。

二、实验结果

（1）平面上主要发育与主剪切面垂直的次级剪切,数量多且明显。

（2）剖面上会在低角度断层(推覆断层)曲率最大点(力学最易变形点)再发育高角度断层,这些高角度断层即为花状断层的分支断层。

（3）平面上的剪切断层组合形成"川"字形断裂;剖面上的这些断层组合形成"从"字形断裂。

三、综合认识

1. 剖面符合程度较高

西北缘断裂深部具低角度逆掩性质,断裂中部角度变缓,断面倾角在10°～40°,断裂前缘部位呈高角度翘起,断面倾角可达60°～80°,剖面上断面形态呈"犁式"。后期的压扭走滑使前期形成的推覆断层锋端高角度翘起,实验结果与实际符合程度较高(图5-3)。

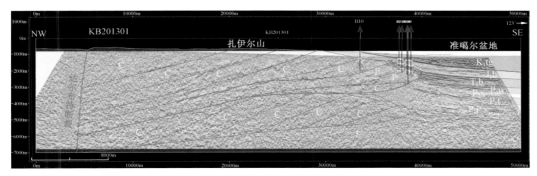

图5-3　西北缘掩覆带物理模拟结果剖面契合程度分析

2. 平面契合程度高

克百断裂带由多条近平行断层组成,主干断裂周围伴生有次级断裂,各级断裂自西向东首尾相接,向盆地外凸,沿北东向呈弧形。主要发育北东向、东西向、北西向3组断层,北东向断层主要为石炭纪—二叠纪形成的逆掩断裂,东西向和北西向断裂为中生界达尔布特断裂走滑形成的次级断裂。实验结果与西北缘吻合(图5-4)。

两期构造物理模拟结果表明,前冲—走滑断裂的演化规律不是纯粹的前冲断裂模式和简单剪切走滑模式的叠加,在Suppe对冲断相关褶皱阶段划分的基础上,加之走滑对模型的剪切作用,本文将冲断—走滑划分为4个阶段:初始阶段、转换褶皱断层阶段、多阶断层阶段和冲断—剪切阶段。

概念图中明确反映演化过程中地层与断层的关系,"初始阶段、转换褶皱断层阶段"(图5-5a、图5-5b)反映出断层在挤压形成褶皱继而发育逆断层的过程,对应图5-3、图5-4中A-a、B-b、C-c 3个时间节点;"多阶断层阶段"(图5-5c)反映多阶推覆断层叠加发育形成前冲式断裂的过程,对应图5-3、图5-4中D-d、E-e、

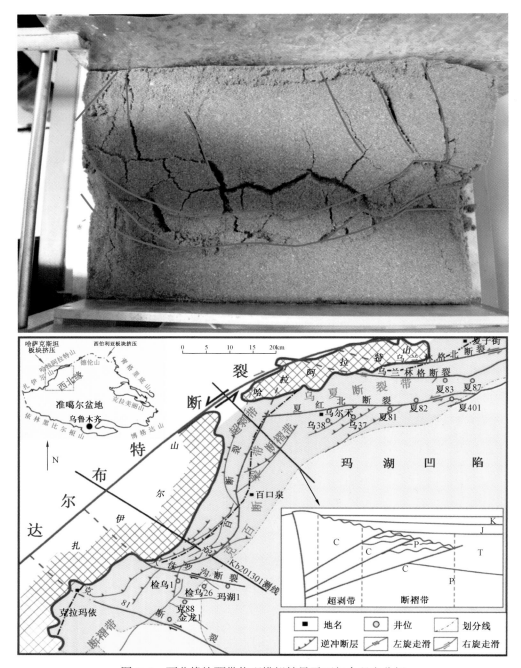

图 5-4　西北缘掩覆带物理模拟结果平面契合程度分析

F-f 3 个时间节点。

　　"冲断—剪切阶段"(图 5-5d)属于第二期剪切构造变形阶段,对应实验图 5-2 中 G-g、H-h、I-i 3 张照片,平面上发育的剪切面,相当于 Sylvester 简单剪切模式中的"R′"剪切面,这也印证了达尔布特断裂发育的大侏罗沟次级走滑断裂和克 81 次级走滑断裂几何形态关系;从剖面中观察到的这些高角度断层,与主剪切面组成了花状构造的一侧。

　　概念图中两个阶段符合演化剖面(图 5-5)的特征与地震解释相吻合,剪切断层在平面上组合成"川"字形样式,为油气向盆地造山带运移提供了通道;高角度和低角度断层在剖面上组合成了"从"字形样式,这种多断层的封闭样式也为冲断带内寻找断块圈闭提供了理论依据(图 5-6)。

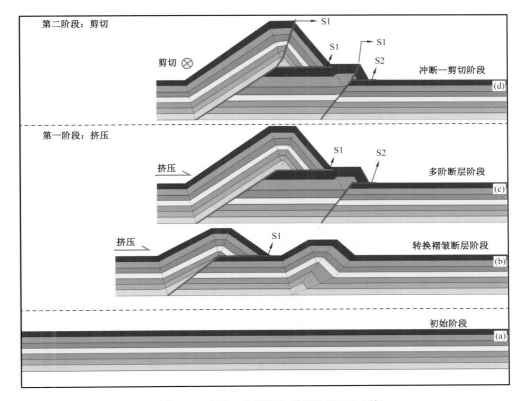

图 5-5　冲断—走滑演化模拟阶段概念图解

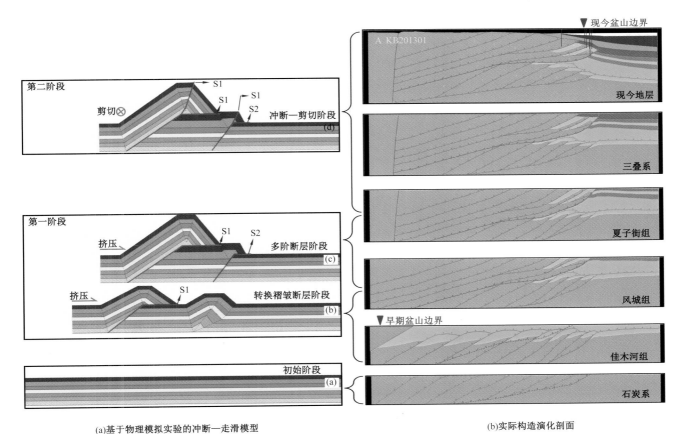

(a)基于物理模拟实验的冲断—走滑模型　　　　　(b)实际构造演化剖面

图 5-6　冲断—走滑模型与实际构造演化剖面对比分析

第二节　乌尔禾沥青脉

在物理模拟实验中采用多种不同的边界条件,选用不同泥砂配比的实验材料,通过多轮次的物理模拟实验进行模型与露头间的对比分析,得出与野外露头契合度最高的物理模型,推断乌尔禾沥青脉可能的应力背景及其相应的构造变形过程,从而揭示乌尔禾沥青脉的形成机理,并分析乌尔禾沥青脉的空间分布规律对油气运聚特征的影响作用。考虑到乌尔禾沥青脉构造几何学的特殊性,难以采用SG-2000构造模拟装置进行自动化的物理模拟,故此采用手动构造模拟装置(走滑构造模拟仪和压扭、张扭构造模拟仪)对乌尔禾沥青脉进行物理模拟(图5-7)。

图5-7　走滑动构造、压扭构造、张扭构造模拟仪

本物理模拟实验采用的实验材料为经过筛选的石英砂(粒径0.2～0.5mm)、彩砂、泥粉和纯净水等。本次物理模拟实验分为3组,共计18次实验。3组实验具有不同的边界控制条件(见各组物理模拟实验的实验设置图),实验材料采用s∶m∶w(石英砂∶泥粉∶纯净水)和h(厚度)表征。

一、实验条件分类

1. 第一组实验

本组物理模拟实验采用张扭性构造模拟设备(图5-8),设备由两块可相对移动的底板构成,两块底板可沿一直线方向相背运动。两块底板之间的空隙模拟断裂带,该空隙中的实验材料可发生构造变形;该空隙的两端与两块底板的运动方向平行,而中间段则与两端成135°夹角。当两块底板向两侧移动时,与移动方

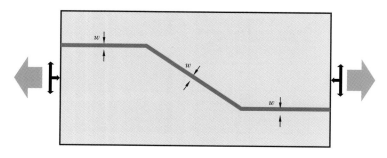

图5-8　物理模拟实验设置:张扭构造模拟

向平行的两端处于右旋走滑的应力环境中,而与移动方向斜交的中间段则在局部形成了张性右旋走滑的应力环境中。为研究断裂带宽度对构造变形样式的影响作用,实验过程中设计了多种不同的断裂带宽度(w)。

本组物理模拟实验共进行 10 轮次,每轮次实验的参数设置见表 5-2,主要包含 3 组参数,分别为:砂:泥:水($s:m:w$,体积比)、模拟地层厚度(h)和模拟断裂带宽度(w)。为便于描述节理或断层的发育情况,将下列图件方向定为上北下南,左西右东。

表 5-2 第一组物理模拟实验参数设置表

实验轮次	砂:泥:水	模拟地层厚度(cm)	模拟断裂带宽度(cm)
1-1	2:1:0.4	3.0	2.0
1-2	2:1:1	3.0	2.0
1-3	3:2:2	3.0	2.0
1-4	3:2:2	5.0	2.0
1-5	3:2:2	2.5	4.5
1-6	3:2:2	2.5	7.5
1-7	3:2:2	2.5	未做限定
1-8	3:2:2	1.0	4.5
1-9	2:2:1	2.5	4.5
1-10	10:10:7	1.0	4.5

1)模拟实验 1-1

模拟实验 1-1 采用的实验材料砂泥水比值($s:m:w$)为 2:1:0.4(以下均为体积比),模拟地层厚度(h)为 3cm,模拟断裂带宽度(w)为 2cm。该轮实验在张扭应力环境下所发生的构造变形如图 5-9 所示。

  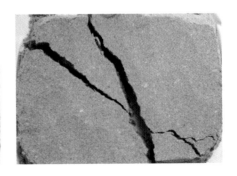

图 5-9 物理模拟实验 1-1 构造变形

在图 5-9 中观察到两组较大的北西—南东向张性节理及少量分支小节理,节理的走向与模型的断裂带中间段呈小角度斜交,呈现出右旋张扭性的构造变形特征。然而,由于本轮实验材料为砂泥水比值($s:m:w$)为 2:1:0.4,混合材料中水含量较低,性质偏脆性,故此发育节理的密度较小,而单条节理的规模较大。

2）模拟实验 1-2

模拟实验 1-2 采用的实验材料砂泥水比值（s∶m∶w）为 2∶1∶1，模拟地层厚度（h）为 3cm，断裂带宽度（w）为 2cm。该轮实验在张扭应力环境下所发生的构造变形如下图所示（图 5-10）。

图 5-10　物理模拟实验 1-2 构造变形

在图 5-10 中观察到多条北西向较大的张性节理，单条节理的走向与模型的断裂带中间段呈小角度斜交。多条张性节理在平面上呈现左列式排布特征，反映右旋张扭性的构造变形特征。与模拟实验 1-1（图 5-9）相比，本轮实验材料水含量相对较高而体现出较高的韧性，故此发育节理的密度较大且单条节理的规模较小。

3）模拟实验 1-3

模拟实验 1-3 采用的实验材料砂泥水比值（s∶m∶w）为 3∶2∶2，模拟地层厚度（h）为 3cm，模拟断裂带宽度（w）为 2cm。该轮实验在张扭应力环境下所发生的构造变形如图 5-11 所示。

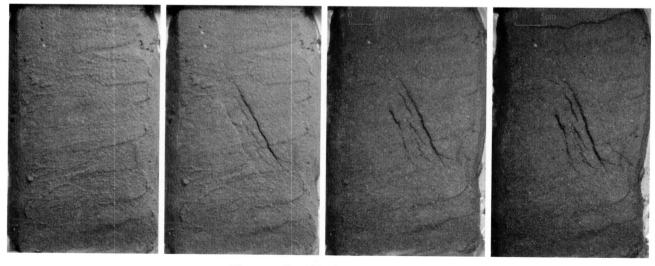

图 5-11　物理模拟实验 1-3 构造变形

在图 5-11 中在模型的中部观察到多条北西向的张性节理,单条节理的走向与模型的断裂带中间段呈小角度斜交。张节理在平面上形成了一条北西走向的 4cm 宽的带状分布,带内多条张性节理间呈现左列式排布特征,反映右旋张扭性的构造变形特征。与模拟实验 1-2(图 5-10)相比,本轮实验材料泥质含量相对较高而体现出更强的韧性,故此发育节理的密度进一步增大且单条节理的规模进一步减小。

4)模拟实验 1-4

模拟实验 1-4 采用的实验材料砂泥水比值(s∶m∶w)为 3∶2∶2,模拟地层厚度(h)为 5cm,模拟断裂带宽度(w)为 2cm。与模拟实验 1-3(图 5-11)相比,本轮实验所采用的材料配比不变,断裂带宽度不变,但模拟地层厚度从 2cm 增至 5cm。该轮实验在张扭应力环境下所发生的构造变形如图 5-12 所示。

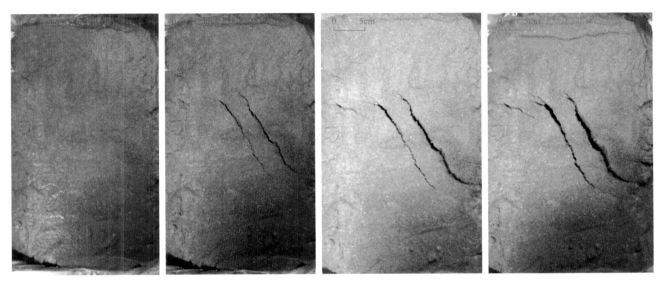

图 5-12 物理模拟实验 1-4 构造变形

类似于模拟实验 1-3,本轮模拟实验中(图 5-12)在模型的中部观察到两条较大的北西向张性节理(延伸长度可达 25～30cm),两条节理的走向与模型的断裂带中间段呈小角度斜交,且组合形成一条宽约 5～6cm 的张性断裂带。两条张节理向两端延伸并逆时针发生弯曲,均呈现出一定程度的反 S 形形态。在这两条较大张节理的外侧末端,还发育数条小型的张节理,其平面分布与两条大型的张节理或呈现雁列状排布,或小角度相交并向大型张节理收敛形成似马尾状形态,反映了右旋张扭性的构造变形特征。本轮实验材料及断裂带宽度(2cm)与模拟实验 1-3(图 5-11)相同,但模拟地层的厚度由 3cm 增加至 5cm,反映了地层的厚度对张扭应力环境下发育的构造几何学形态有一定的控制作用。地层厚度越大,张节理发育密度越小,但发育规模有所增大。

5)模拟实验 1-5

模拟实验 1-5 采用的实验材料砂泥水比值(s∶m∶w)为 3∶2∶2,模拟地层厚度(h)为 2.5cm,模拟断裂带宽度(w)为 4.5cm。该轮实验在张扭应力环境下所发生的构造变形如图 5-13 所示。

在图 5-13 中,在模型的中部观察到多条北西向的张性节理,与模型的断裂带中间段呈小角度斜交。张性节理的发育规模并不均一,中间的节理规模明显大于东西两侧所发育的节理。张节理在平面上呈现左列式排布特征,反映右旋张扭性的构造变形特征。然而,与模拟实验 1-2 至 1-4(图 5-10 至图 5-12)相比,本

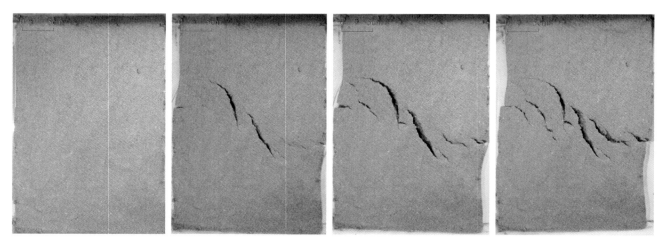

图 5-13　物理模拟实验 1-5 构造变形

轮实验未在模型中部形成固定宽度的变形带，这可能是由模型预设的断裂带宽度增加至 4.5cm 所造成的。这一现象反映了除了预设的地层厚度之外，物理模拟预设的断裂带宽度对张扭应力环境下发育的张性节理构造几何学形态也有一定的控制作用。预设断裂带宽度越大，模型中发育的张性节理在平面上越容易呈现左列的排布方式，且单条张性节理也易呈现出反 S 形的几何学形态，与乌尔禾沥青脉所观察到的现象有一定的吻合度。

6）模拟实验 1-6

模拟实验 1-6 采用的实验材料砂泥水比值（s∶m∶w）为 3∶2∶2，模拟地层厚度（h）为 2.5cm，模拟断裂带宽度（w）为 7.5cm。与模拟实验 1-4（图 5-13）相比，本轮实验所采用的材料配比不变，模拟地层厚度不变，但预设断裂带宽度从 4.5cm 增加至 7.5cm。该轮实验在张扭应力环境下所发生的构造变形如图 5-14 所示。

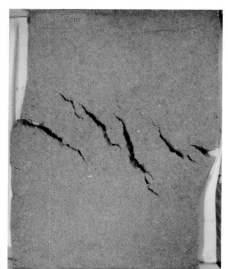

图 5-14　物理模拟实验 1-6 构造变形

与模拟实验 1-5 获得的实验结果相似,在本轮模拟实验中,在模型的中部首先发育数条小型张节理(图5-14b),随着位移的增大,模型的东西两端也开始发育小型节理,但发育节理的规模较中部偏小(图 5-14c)。模型中部发育节理的走向与模型的断裂带中间段呈小角度斜交,而在东西两端所发育的节理则呈近东西向,与中部发育节理相比发生了一定程度的逆时针旋转。图 5-14c 模型的中部所发育的大型张节理向两端延伸并逆时针发生微弱弯曲,亦呈现出一定程度的反 S 形形态。中部较大的张节理与东西两侧小型张节理在平面上呈现雁列状排布,反映了右旋张扭性的构造变形特征。本轮实验材料及模拟地层厚度与模拟实验1-5(图 5-13)相同,但模型中预设断裂带宽度由 4.5cm 增加至 7.5cm,反映了预设断裂带宽度对于模拟地层中张节理发育特征具有控制作用。随着预设断裂带宽度的增加,单条节理的反 S 形形态减弱,其雁列状排布特征也不再十分规则。

7)模拟实验 1-7

模拟实验 1-7 采用的实验材料砂泥水比值(s:m:w)为 3:2:2,模拟地层厚度(h)为 2.5cm,模拟断裂带宽度(w)未做限制。该轮实验在张扭应力环境下所发生的构造变形如图 5-15 所示。

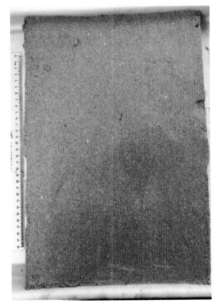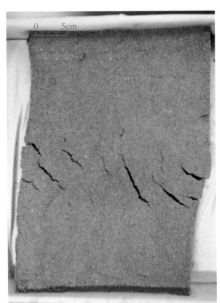

图 5-15　物理模拟实验 1-7 构造变形

在图 5-15 中,在模型的中部观察到多条北西向的张性节理,与模型的断裂带中间段呈小角度斜交。张性节理的发育规模并不均一,中间的节理规模明显大于东西两侧所发育的节理(图 5-15c)。模型中发育的多条张节理在平面上呈现左列式排布特征,反映右旋张扭性的构造变形特征。

然而,与模拟实验 1-5、1-6(图 5-13、图 5-14)相比,本轮实验模型中发育的张节理组合形成了东西走向的条带状分布,而非模拟实验 1-5 和 1-6 中的北西—南东向分布,这可能是由于模型预设的断裂带宽度由模拟实验 1-5 中的 4.5cm 和模拟实验 1-6 中的 7.5cm 变为本轮实验模型中的未做任何限制导致的。综合对比模拟实验 1-5、1-6 和 1-7,显然,模拟实验 1-5 和 1-6 与乌尔禾沥青脉的构造形态吻合度较高,这一现象反映了预设的断裂带宽度对张扭应力环境下发育的张性节理构造几何学形态有一定的控制作用:预设断裂带宽度与模型的模拟位移达到相匹配的程度时,模型中发育的张性节理在平面上越容易呈现左列的排布方式,且单条张性节理也易呈现出反 S 形的几何学形态,但模拟断裂带宽度过大时,雁列状和反 S 形现象减弱。

8)模拟实验 1-8

模拟实验 1-8 采用的实验材料砂泥水比值(s:m:w)为 3:2:2,模拟地层厚度(h)为 1cm,模拟断裂带宽度(w)为 4.5cm。该轮实验在张扭应力环境下所发生的构造变形如图 5-16 所示。

图 5-16　物理模拟实验 1-8 构造变形

在本轮模拟实验中,在模型的中部首先发育数条小型张节理(图 5-16a、图 5-16b),随着位移的增大,模型的东西两端也开始发育小型节理,但发育节理的规模较中部偏小(图 5-16b、图 5-16c)。模型中部发育节理的走向与模型的断裂带中间段呈小角度斜交,而在东西两端所发育的节理则呈近东西向,与中部发育节理相比发生了一定程度的逆时针旋转。

图 5-16c 模型的中部所发育的大型张节理与其东西两侧发育的小型节理在平面上呈现雁列状排布,反映了右旋张扭性的构造变形特征;模型中发育的张节理在组合形态上呈现一定程度的反 S 形形态,与右旋张扭的应力背景相吻合。本轮实验材料及预设断裂带宽度与模拟实验 1-5(图 5-13)相同,但模型中模拟地层厚度由模拟实验 1-5 中的 2.5cm 减薄为 1.0cm,模拟地层厚度的减小导致单条节理的发育规模有所减小,然而左列式的雁列排布仍然得到了较好的保留。

9)模拟实验 1-9

模拟实验 1-9 采用的实验材料砂泥水比值(s:m:w)为 2:2:1,模拟地层厚度(h)为 1.5cm,模拟断裂带宽度(w)为 4.5cm。该轮实验在张扭应力环境下所发生的构造变形如图 5-17 所示。

与模拟实验 1-8(图 5-16)相比,本轮模拟实验的模拟地层厚度和预设断裂带宽度均未发生变化,但在实验材料的配比中增加了一定泥粉含量并减少了水含量(砂:泥:水比值由实验 1-8 中的 3:2:2 变为 2:2:1)。图 5-17 模型中展示的实验模拟结果与模拟实验 1-8 相似。模型中发育了数十条北西—南东走向的张节理,与模型底板断裂带走向呈小角度相交;模型中节理发育,平面上呈一定程度的雁列式分布,其

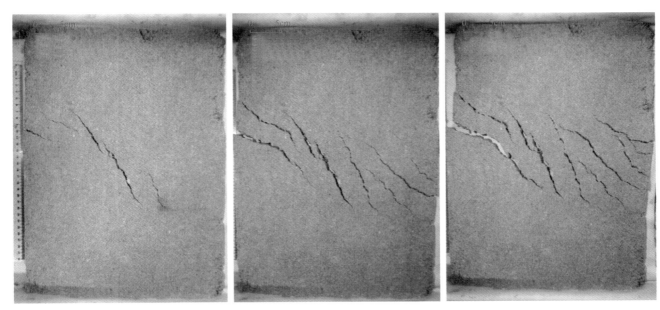

图 5-17　物理模拟实验 1-9 构造变形

中部分节理在一定程度上呈现帚状的组合形态,反映了右旋张扭的应力环境。然而,由于模拟地层中泥粉含量的增加和水量的减小,模型中发育节理的密度比较均匀,预设的底板断裂带对于模拟地层构造变形的控制作用有所减弱。

10)模拟实验 1-10

模拟实验 1-10 采用的实验材料的砂泥水比值(s∶m∶w)为 2∶2∶1.4,模拟地层厚度(h)为 1cm,模拟断裂带的宽度(w)为 4.5cm。该轮模拟实验在张扭应力环境下所发生的构造变形如下图所示(图 5-18)。

在本轮模拟实验中,在模型的中部首先发育数条小型张节理(图 5-18a、图 5-18b),随着位移的增大,模型的东西两端也开始发育小型节理,但发育节理的规模较中部偏小(图 5-18b、图 5-18c)。模型中部发育节理的走向与模型的断裂带中间段呈小角度斜交。图 5-18c 模型的中部所发育的大型张节理与其东西两侧发育的小型节理在平面上呈现雁列状排布,与右旋张扭的应力背景相吻合。本轮实验材料较模拟实验 1-9(图 5-17)含水量进一步增加,模拟地层的韧性也进一步提升,导致模型中发育的节理密度和规模进一步减小;其雁列式排布特征尽管得以保留,但其构造变形特征已不明显。

综合以上第一组共计 10 轮物理模拟实验结果,显然实验材料砂泥水比值、模拟地层厚度和模拟断裂带宽度对模型中发育节理的规模、密度、均一性、排列组合特征等有着重要的控制作用。只有当砂泥水比值、模拟地层厚度和模拟断裂带宽度得到较好的匹配时,模拟实验的结果才能较好地与乌尔禾沥青脉构造几何学特征吻合,如模拟实验 1-5(图 5-13)和 1-9(图 5-18)等。吻合度较好的模型解释了乌尔禾沥青脉 LQM1-7 组合形成的雁列式平面排布特征,反映了乌尔禾沥青脉的发育与达尔布特断裂带有一定的相关性。

2. 第二组实验

本组物理模拟实验采用斜交式走滑构造模拟设备(图 5-19),设备由两块可相对移动的底板构成,两块

图 5-18　物理模拟实验 1-10 构造变形

底板可沿一直线方向相对运动。两块底板中部的相邻边界预设一条可伸展性活动带来模拟断裂带,实验中位于该活动带内部的实验材料可发生构造变形;该活动带宽度约为 4cm,其走向与两块底板的边界成 30°夹角。当两块底板向两侧移动时,模型中位于活动带内部的部分一方面沿着东西方向拉张变形,另一方面由于两块地板沿北东—南西方向相对运动而受左旋走滑剪应力影响而发生旋扭构造变形。在本组实验中,实验材料的砂:泥:水比值均为 3:2:2,预设断裂带为研究断裂带宽度均为 4cm,以研究模拟地层的厚度对构造变形样式的影响和控制作用。

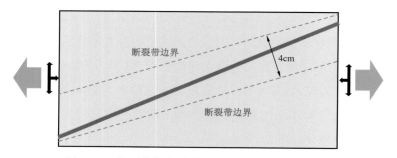

图 5-19　物理模拟实验设置:斜交式走滑构造模拟

　　本组物理模拟实验共进行 3 轮次,每轮次实验的参数设置见表 5-3,主要包含 3 组参数,分别为:(1)砂:泥:水($s:m:w$,体积比);(2)模拟地层厚度(h)和(3)模拟断裂带宽度(w)。为便于描述节理或断层的发育情况,将下列图件方向定为上北下南,左西右东。

表 5-3　第二组物理模拟实验参数设置表

实验轮次	砂:泥:水	模拟地层厚度(cm)	模拟断裂带宽度(cm)
2-1	3:2:2	1.0	4
2-2	3:2:2	2.0	4
2-3	3:2:2	2.5	4

1）模拟实验 2-1

模拟实验 2-1 采用的实验材料砂泥水比值（s：m：w）为 3：2：2（体积比），模拟地层厚度（h）为 1cm，模拟断裂带宽度（w）为 4cm。该轮实验在斜交式走滑应力环境下所发生的构造变形如图 5-20 所示。

图 5-20　物理模拟实验 2-1 构造变形

在本轮模拟实验中，在模型的中部首先发育数条小型张节理（图 5-20b、图 5-20c），随着位移的增大，模型的东西两端也开始发育小型节理，但发育节理的规模较中部偏小（图 5-20d），最终发育为一条宽约 9～10cm 的北东—南西走向的断裂带（图 5-20e）。

模型中发育张节理的密度较大，然而其平面分布并未形成明显的雁列状或帚状排布，无法与乌尔禾沥青脉观察到的构造特征进行匹配。本轮实验材料为第一组 10 轮实验中模拟结果较为理想的实验材料配比，其预设断裂带 4.5cm 也较为适中，故此推断造成这一构造特征的原因为模拟地层厚度 1cm 偏小，容易与底部活动金属板发生滑脱，导致模型的预设底板对模拟地层的控制作用减弱。故此，在后续两轮实验中，逐步增加模拟地层的厚度。

2）模拟实验 2-2

模拟实验 2-2 采用的实验材料砂泥水比值（s：m：w）为 3：2：2（体积比），模拟地层厚度（h）为 2cm，模拟断裂带宽度（w）为 4cm。该轮实验在斜交式走滑应力环境下所发生的构造变形如图 5-21 所示。

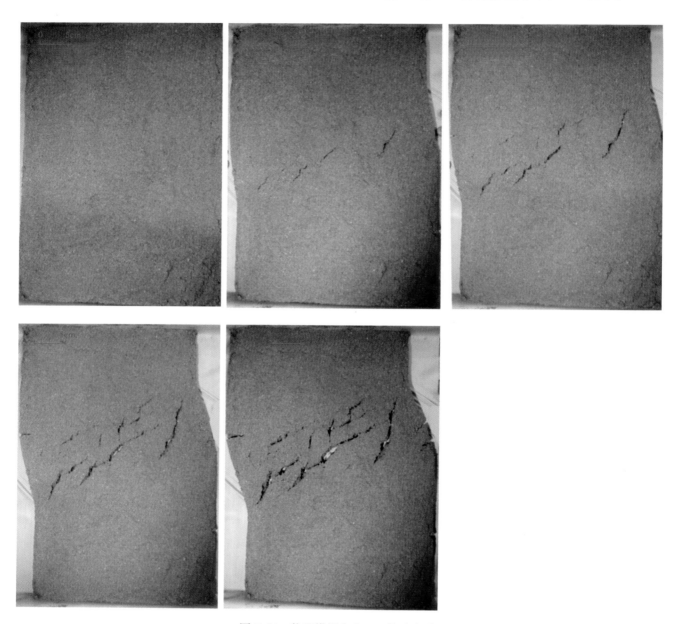

图 5-21　物理模拟实验 2-2 构造变形

本轮实验模拟地层厚度增加至 2cm，模拟实验的构造变形特征与模拟实验 2-1（图 5-20）相似：在模型的中部首先发育数条小型张节理（图 5-21b、图 5-21c），随着位移的增大，模型的东西两端也开始发育小型节理，但发育节理的规模较中部偏小（图 5-21d），最终发育为一条宽约 7～8cm 的北东—南西走向的断裂带（图 5-21e）。然而，与模拟实验 2-1 相比，模型中发育张节理的密度减小，然而其平面分布形成一定程度的雁列状（图 5-21c），与乌尔禾沥青脉观察到的构造特征有一定的相似之处。

3）模拟实验 2-3

模拟实验 2-3 采用的实验材料砂泥水比值（s∶m∶w）为 3∶2∶2（体积比），模拟地层厚度（h）为 2.5cm，模拟断裂带宽度（w）为 4cm。该轮实验在斜交式走滑应力环境下所发生的构造变形如下图所示（图 5-22）。

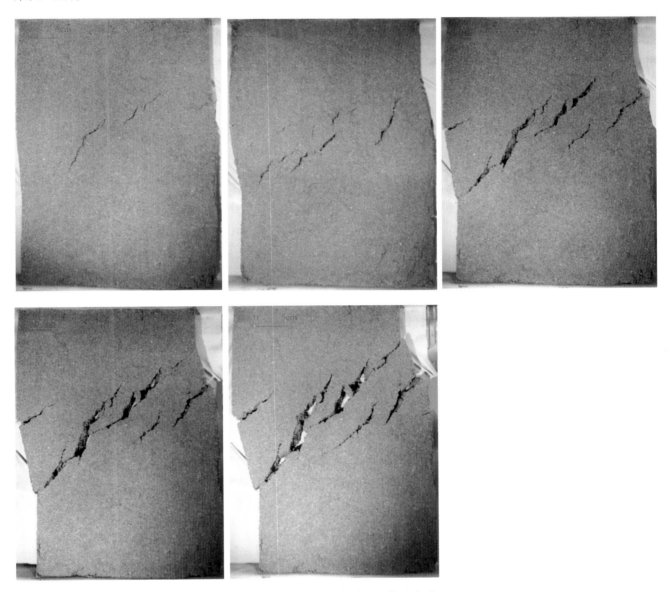

图 5-22　物理模拟实验 2-3 构造变形

本轮实验模拟地层厚度增加至 2.5cm，模拟实验的构造变形特征与模拟实验 2-1（图 5-22）和模拟实验 2-2（图 5-21）均具有相似性：在模型的中部首先发育数条小型张节理（图 5-22b、图 5-22c），随着位移的增大，模型的东西两端也开始发育小型节理，但发育节理的规模较中部偏小（图 5-22d），最终发育为一条宽约 8~10cm 的北东—南西走向的断裂带（图 5-22e）。然而，随着模拟地层厚度的进一步增加，与模拟实验 2-1 和模拟实验 2-2 相比，模型中发育张节理的密度减小，但其平面分布形成了明显的雁列状排布（图 5-22c、图 5-22d、图 5-22e），与乌尔禾沥青脉观察到的沥青脉 LQM8-13 形成的平面构造特征有较高的吻合度。

3. 第三组实验

本组物理模拟实验采用双重走滑构造模拟设备(图5-23),设备由3块可相对移动的底板构成,图中上下两块底板(灰色)保持固定,而中部底板(红色)则可相对上下两块底板沿着底板长边方向平行移动。中部底板宽度可变,实验中位于该活动底板顶部的实验材料可发生构造变形。当中间的红色底板相对上下两块底板两块底板向右侧移动时,模型中位于中间底板上下两侧边缘分别在局部形成左旋走滑和右旋走滑的应力场,其上部模拟地层可在这样双重走滑的复合应力场中发生构造变形。该模型旨在模拟断层上盘沿着逆冲断层面向上移动的过程中,上盘地层由于断距不均一而发生侧向的移动而在局部形成双重走滑应力场。

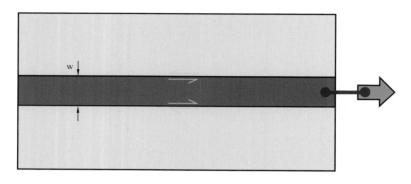

图5-23　物理模拟实验设置:双重走滑构造模拟

在本组实验中,实验材料的砂泥水比值(s:m:w)为3:2:2(体积比),预设的地层厚度设置3个数值(分别为1.5cm、1.0cm和0.5cm),预设的中间底板宽度设置3个数值(分别为15cm、10cm和5cm),本组实验共包含5轮实验,各轮实验详细的参数配置见表5-4。为便于描述节理或断层的发育情况,将下列图件方向定为上北下南,左西右东。

表5-4　第三组物理模拟实验参数设置表

实验轮次	砂:泥:水	模拟地层厚度(cm)	模拟中间活动板宽度(cm)
3-1	3:2:2	1.5	15
3-2	3:2:2	1.5	10
3-3	3:2:2	1.5	5
3-4	3:2:2	1.0	5
3-5	3:2:2	0.5	5

1)模拟实验3-1

模拟实验3-1采用实验材料砂泥水比值(s:m:w)为3:2:2(体积比),模拟地层厚度(h)为1.5cm,模拟中间活动板宽度(w)为15cm。该轮实验在双重走滑应力环境下所发生的构造变形如图5-24所示。

在本轮模拟实验中,在模型的中部底板上下两侧首先发育数条小型张节理(图5-24b),随着位移的增大,张节理的规模及密度逐步增加(图5-24c)。由于模拟地层受到底板双重剪切作用的控制,模型中所发育的张节理沿着中间活动底板的南北两侧边缘分布:其北侧为北东东—南西西走向节理组,其南侧为南东东—北西西走向节理组;其平面上疑似呈现出雁列式排布。然而,由于模拟试验中间底板宽度为15cm,占到了整个模型南北长度的近四分之一,因此模型中单条张节理的规模过大而难以在平面上有效地形成雁列式分布。因此,在后续的模拟实验3-2中,将中间活动底板的宽度减小为10cm。

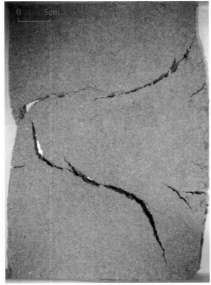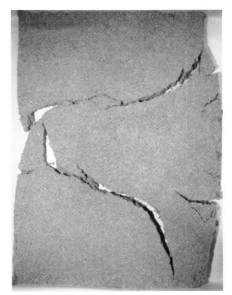

图 5-24　物理模拟实验 3-1 构造变形

2）模拟实验 3-2

模拟实验 3-2 采用的实验材料砂泥水比值（s：m：w）为 3：2：2（体积比），模拟地层厚度（h）为 1.5cm，模拟中间活动板宽度（w）减小为 10cm。该轮实验在双重走滑应力环境下所发生的构造变形如图 5-25 所示。

图 5-25　物理模拟实验 3-2 构造变形

在本轮模拟实验中，在模型的中部底板上下两侧首先发育数条小型张节理（图 5-25b），随着位移的增大，张节理的规模及密度逐步增加（图 5-25c）。由于模拟地层受到底板双重剪切作用的控制，模型中所发育的张节理沿着中间活动底板的南北两侧边缘分布：其北侧为北东东—南西西走向节理组，平面上呈右列式分布；其南侧为南东东—北西西走向节理组，平面上呈左列式分布。这一构造变形特征与乌尔禾沥青脉 LQM1—17 的平面排布方式有一定的相似之处。然而，模型中节理的发育密度偏小，导致其雁列式排布特征不明显。因此,在后续的实验中,通过减小中间活动板的宽度和模拟地层厚度的方式进行物理模拟。

3)模拟实验3-3

模拟实验3-3采用的实验材料砂泥水比值(s:m:w)为3:2:2(体积比),模拟地层厚度(h)为1.5cm,模拟中间活动板宽度(w)进一步减小为5cm。该轮实验在双重走滑应力环境下所发生的构造变形如图5-26所示。

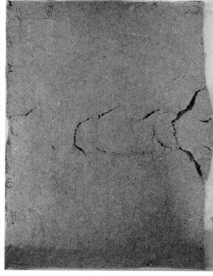

图5-26　物理模拟实验3-3构造变形

在本轮模拟实验中,在模型的中部底板上下两侧首先发育数条小型张节理(图5-26b),随着位移的增大,张节理的规模及密度逐步增加(图5-26c)。由于模拟地层受到底板双重剪切作用的控制,模型中所发育的张节理沿着中间活动底板的南北两侧边缘分布:其北侧为北东东—南西西走向节理组,其南侧为南东东—北西西走向节理组。本轮实验模型中预设的中间活动底板宽度进一步减小为5cm,模型中发育节理的规模进一步减小,节理发育密度也有所增加,且其平面上呈现出较好的雁列式排布。

4)模拟实验3-4

模拟实验3-4采用的实验材料砂泥水比值(s:m:w)为3:2:2(体积比),模拟地层厚度(h)减薄为1.0cm,模拟中间活动板宽度(w)保持为5cm。该轮实验在双重走滑应力环境下所发生的构造变形如图5-27所示。

在本轮模拟实验中,随着位移的增大,在模型的中部底板上下两侧逐步数条小型张节理(图5-27b、图5-27c)。与模拟实验3-2和3-3相似,由于模拟地层受到底板双重剪切作用的控制,模型中所发育的张节理沿着中间活动底板的南北两侧边缘分布:其北侧为北东东—南西西走向节理组,其南侧为南东东—北西西走向节理组。然而,模型中节理的发育规模偏小,其雁列式排布特征并不明显。因此,在模拟实验3-5中,模拟地层的厚度进一步减薄至0.5cm。

5)模拟实验3-5

模拟实验3-5采用的实验材料砂泥水比值(s:m:w)为3:2:2(体积比),模拟地层厚度(h)进一步减薄为 0.5cm,模拟中间活动板宽度(w)保持为 5cm。该轮实验在双重走滑应力环境下所发生的构造变形如图 5-28 所示。

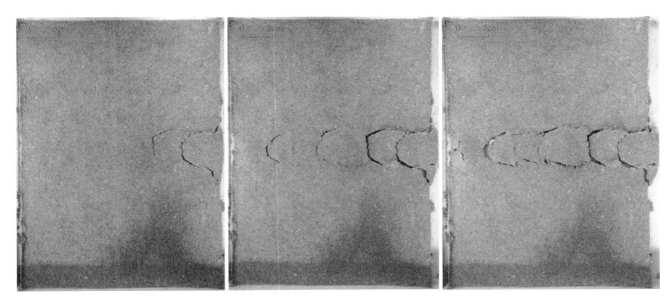

图 5-27 物理模拟实验 3-4 构造变形

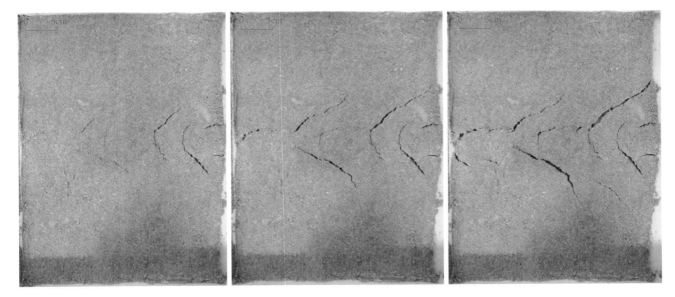

图 5-28 物理模拟实验 3-5 构造变形

在本轮模拟实验中,模拟地层的厚度减薄为 0.5cm,由于模拟地层受到底板双重剪切作用的控制,在模型的中部底板上下两侧首先发育数条小型张节理(图 5-28b),随着位移的增大,张节理的规模及密度逐步增加(图 5-28c)。张节理沿着中间活动底板的南北两侧边缘分布:其北侧为北东东—南西西走向节理组,呈现明显的右列式分布,与乌尔禾沥青脉 LQM8—17 的平面展布吻合,反映左旋张扭应力背景;其南侧为南东东—北西西走向节理组,呈现明显的左列式分布,与乌尔禾沥青脉 LQM1—7 的平面展布吻合,反映右旋张扭应力背景(图 5-29)。

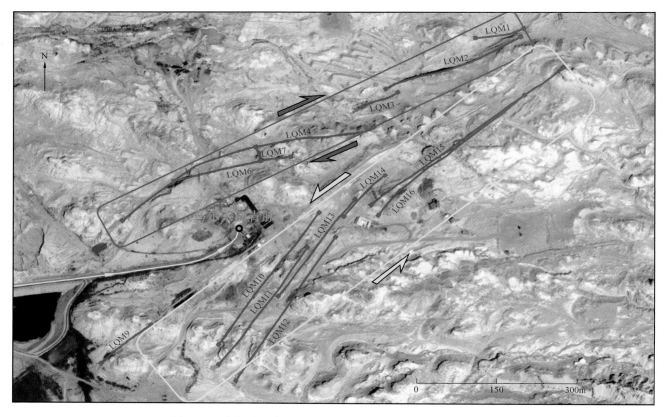

图 5-29　乌尔禾沥青脉左列、右列共生的雁列式平面展布特征

二、综合认识

以上 3 组共 18 轮物理模拟实验,分别研究了 3 种应力背景下模拟地层中发育张节理的构造和平面分布特征,3 种应力背景分别为:(1)张扭应力背景;(2)斜交式走滑应力背景;(3)双重走滑应力背景。

在张扭应力背景和斜交式走滑应力背景下,选择适当的实验材料(适当的砂泥水比值)、模拟地层厚度和预设断裂带宽度,可在模拟地层中发育较好的左列式排布张节理或右列式排布张节理,分别与乌尔禾沥青脉 LQM8—17 和 LQM1—7 的平面展布吻合。然而,在这两种应力背景中,并不能很好地同时发育左列式和右列式张节理组合。因此,尽管张扭应力背景和斜交式走滑应力背景可以提供发育雁列式张节理的基本条件,但不足以合理解释图 3-29 中乌尔禾 17 条沥青脉中左列和右列共生的张节理平面组合。

在双重走滑应力背景下,模拟实验中发育的张节理在平面上形成了左列和右列共生的组合形式,实验结果与乌尔合沥青脉 LQM1—17 的野外观察结果具有很高的契合度。特别是物理模拟实验 3-5 的实验过程和结果(图 3-28),观察到了明显的左列和右列共生的张节理平面组合的构造变形样式,并且很好地再现了该构造变形样式的发育过程和形成机理。模拟实验中采用的双重走滑应力也为乌尔禾沥青脉发育的动力学机制提供了较好的解释方案(图 5-30)。

从准噶尔盆地西北缘的区域地质图观察可知,乌尔禾沥青脉位于准噶尔盆地西北缘达尔布特断裂的南东盘,距离达尔布特断裂带约 15km。在达尔布特断裂带白杨河剖面中,可以观察到出露良好的走滑构造特征——花状构造,根据近水平断层擦痕的方向可判断其为左旋走滑构造。在乌尔禾沥青脉附近,地质图中解析出多条北东—南西走向的断层(如 fa、fb、fc 等),尽管其断层属性并不明确,但其走向均与达尔布特断裂近平行展布,很可能沿断层走向具有一定的滑距,在局部可产生与断层走向近平行的走滑应力场。

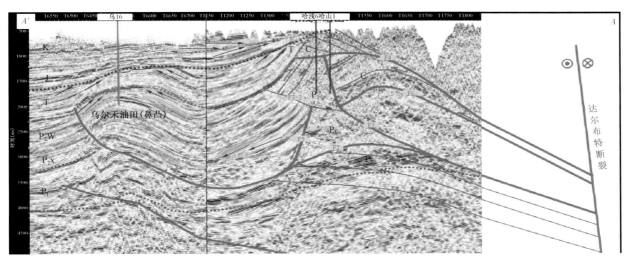

图 5-30　乌尔禾沥青脉地震剖面解释方案(剖面位置见图 12-32 中 A—A′)

　　此外,从乌尔禾沥青脉地震剖面中观察可知,乌尔禾沥青脉在构造上位于乌尔禾油田的鼻凸高部位,即乌尔禾背斜带顶部地表的白垩系中(乌 16 井位置,图 5-30)。受控于北西侧达尔布特断裂带控制,断裂带南东盘石炭系沿着花状构造分支断层向盆内逆冲,在山前形成高陡的叠瓦状逆断层冲出地表,在盆内则在深部形成缓倾角逆断层,其上盘发育小型背斜或鼻凸。上盘地层形成背斜的过程中,顶部地层发生局部的拉张而为张节理或正断层的形成提供了应力条件(图 5-31)。

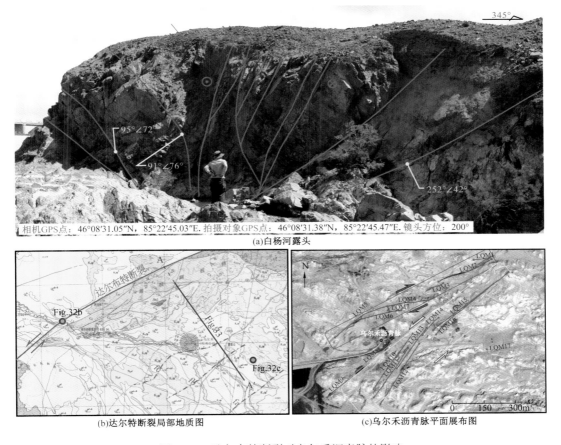

图 5-31　达尔布特断裂对乌尔禾沥青脉的影响

背斜顶部局部产生张应力,结合沿断层走向(北东—南西)局部产生的复合型走滑应力,诱发了乌尔禾张扭性沥青脉左列、右列复合雁列式张节理或正断层构造样式的发育。

第三节　红山岩体

采用多种不同的边界条件,选用不同泥砂配比的实验材料,通过多轮次的物理模拟实验进行模型与露头间的对比分析,得出与野外露头契合度最高的物理模型,推断红山岩体内部脉体发育的应力背景及其相应的构造变形过程,从而揭示红山岩体的形成机理。考虑到红山岩体的几何学特征及野外露头观测所反映出的走滑应力背景,故此采用走滑动构造模拟仪及帚状构造拟仪对红山岩体进行物理模拟(图5-32)。

图5-32　走滑动构造仪及帚状构造模拟仪

如图5-32所示,左侧为走滑动构造模拟仪,可模拟压扭走滑或者张扭走滑应力背景下地层发生的构造变形;右侧为帚装构造模拟仪,可模拟走滑旋扭应力背景下地层发生的构造变形。

本物理模拟实验采用的实验材料为经过筛选的石英砂(粒径0.2～0.5mm)、泥粉和纯净水等,通过不同配比的实验材料模拟不同性质的地层。本物理模拟实验分为两组,共计8轮次。两组实验具有不同的边界控制条件(见各组物理模拟实验设置图),实验材料采用石英砂:泥粉:纯净水(s:m:w)和模拟地层厚度(h)来表征。

一、实验条件分类

1. 第一组实验

实验采用斜交式走滑构造模拟设备(图5-33),设备由两块可相对移动的底板构成,两块底板可沿一直线方向相对运动。在本组实验中,实验材料的砂泥水比值(s:m:w)为5:3:2,模拟地层厚度为2.0～2.5cm(表5-5)。根据达尔布特断裂由右旋转变为左旋走滑的构造背景,第一组实验均采用先右旋压扭(图5-33a)再左旋张扭(图5-33b)的变形机制。为便于描述断层的发育情况,将下列图件方向定为上北下南,左西右东。

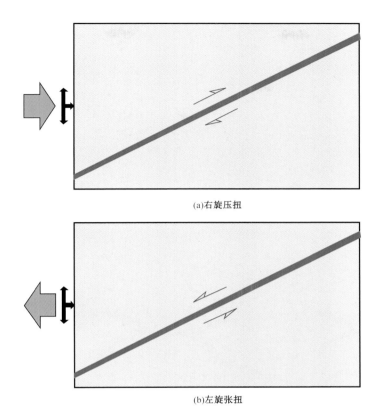

(a)右旋压扭

(b)左旋张扭

图 5-33　物理模拟实验设置：斜交式走滑构造模拟

表 5-5　第一组物理模拟实验参数设置表

实验轮次	砂∶泥∶水	模拟地层厚度（cm）	每张照片走滑距离（cm）
1-1	5∶3∶2	2.0	1
1-2	5∶3∶2	2.0	1
1-3	5∶3∶2	2.5	1
1-4	5∶3∶2	2.5	1

1）模拟实验 1-1

模拟实验 1-1 采用的实验材料砂泥水比值（s∶m∶w）为 5∶3∶2（以下均为体积比），模拟地层厚度（h）为 2.0cm。该轮实验在走滑应力背景下所发生的构造变形如图 5-34 所示。

在图 5-34 中观察到在右旋压扭的过程中，出现呈北西—南东和北东—南西两个方向的张性节理及少量分支小节理；在之后的左旋张扭过程中，两条节理继续沿走向发育，并最终形成近"X"形的节理及与其呈高角度相交的小型节理。实验整体呈现出走滑断层的发育过程，但由于本轮实验未限制南、北两个方向的边界，导致整体结构较为松散，形成较大的断块，与野外观察结果不相符。

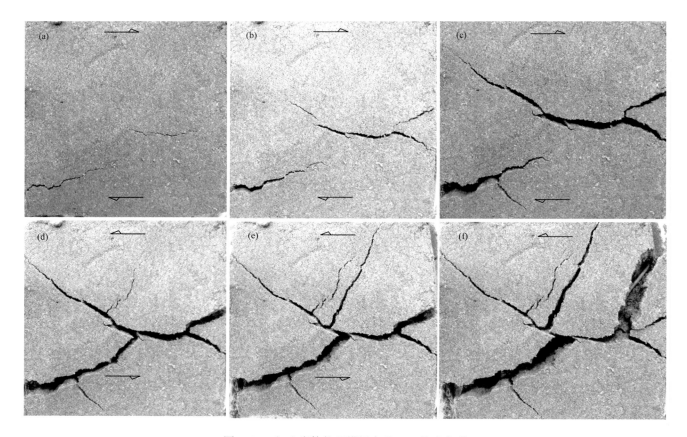

图 5-34　红山岩体物理模拟实验 1-1 构造变形

（a-c）右旋压扭；（d-f）左旋张扭

2）模拟实验 1-2

模拟实验 1-2 采用的实验材料砂泥水比值（s∶m∶w）为 5∶3∶2（以下均为体积比），模拟地层厚度（h）为 2cm。该轮实验在走滑应力背景下所发生的构造变形如图 5-35 所示。

在图 5-35 中观察到在右旋压扭的过程中，出现两条北西—南东方向的张性节理和一条北东—南西方向的压扭性节理；在图 5-35 中观察到在之后的左旋张扭过程中，出现一条近南北方向的张节理及两条北东—南西方向的小型张节理。本轮实验较好地反映出实验仪器预设的右旋压扭与左旋张扭的特征，但由于本轮实验采用的模拟地层厚度较薄，应力过早的由两条张性节理释放，未能很好地反映出红山岩体处达尔布特断裂的特征。

3）模拟实验 1-3

模拟实验 1-3 采用的实验材料砂泥水比值（s∶m∶w）为 5∶3∶2（以下均为体积比），增加模拟地层厚度（h）至 2.5cm。该轮实验在走滑应力背景下所发生的构造变形如图 5-36 所示。

在图 5-36 中观察到在右旋扭动的过程中，出现一系列呈左列的沿北东—南西方向展布的压扭性节理，很好地反映出右旋走滑的特征。随着走滑距离的增大，逐步形成了北西—南东及北东—南西两个方向的节理。应力转变为右旋扭动后，两组节理沿各自走向发育，最终形成了以北东—南西方向节理为主，以与其呈低角度或高角度相交的节理为辅的走滑构造形态。本轮实验较好地实现了简单剪切模式的构造形态，一定

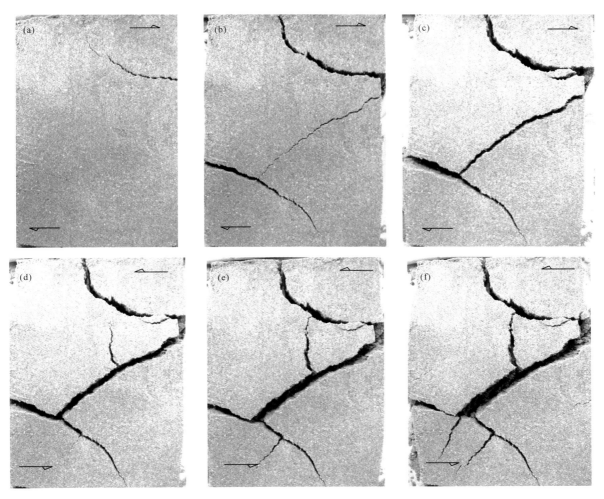

图 5-35　红山岩体物理模拟实验 1-2 右旋走滑构造变形

（a-c）右旋压扭；（d-f）左旋张扭

程度上还原了红山岩体区域的形成演化过程。但由于实验仪器预设为右旋压扭和左旋张扭,并不能与红山岩体区域所处的应力背景很好地吻合,因此还需进行进一步的实验。

4）模拟实验 1-4

模拟实验 1-4 采用的实验材料砂泥水比值（s：m：w）为 5：3：2（以下均为体积比）,模拟地层厚度（h）为 2.5cm,并采用黏性较好的橡皮泥模拟坚硬的红山岩体,该轮实验在走滑应力背景下所发生的构造变形如图 5-37 所示。

在图 5-37 中观察到受粘在底板上的橡皮泥影响,应力的传导受到阻碍,节理的发育特征与图 5-36 中明显不同。本轮实验可反映出硬度较大的岩体对走滑断层的发育具有一定的影响,应力较难穿过坚硬岩体进行传递。本轮实验一定程度上模拟了红山岩体区域的形成演化过程,但由于红山岩体是伴随达尔布特断裂的活动而形成的,因此实验与实际情况并不十分吻合。尽管如此,还是可以推断达尔布特断裂至少在左旋扭动过程中在红山岩体区域会受到已形成的红山岩体的影响,但由于实验条件所限,难以针对这一复杂情况进行进一步的模拟实验。

综合以上第一组共计 4 轮物理模拟实验结果,显然模拟地层的厚度及模拟岩体的添加对模型中发育节

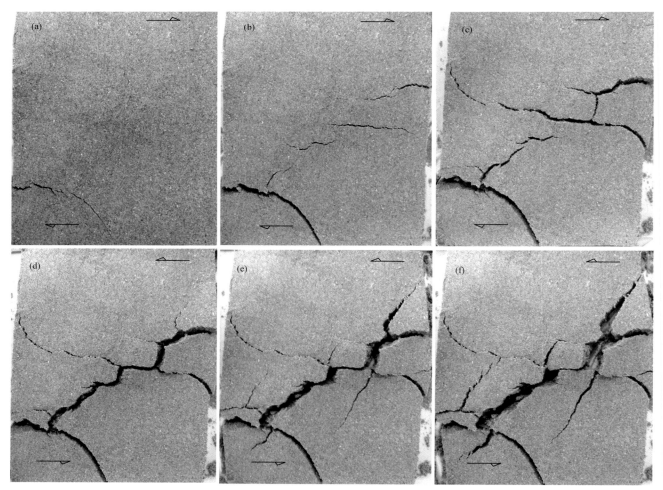

图 5-36　红山岩体物理模拟实验 1-3 构造变形

（a-c）右旋压扭；（d-f）左旋张扭

理的规模、几何形态、排列组合特征等有着重要的控制作用。其中模拟实验 1-3（图 5-36）的结果较好地吻合达尔布特断裂构造的几何学特征，岩浆可能沿达尔布特断裂活动产生的裂缝上涌形成红山岩体，而在红山岩体形成后则受到达尔布特断裂进一步活动的影响形成一系列相互交切的岩脉，反映了红山岩体的发育与达尔布特断裂带有一定的相关性。

2. 第二组实验

考虑到红山岩体的几何形态，推测其形成过程中受到旋扭应力的影响，因此本组物理模拟实验采用帚状构造模拟设备（图 5-38），设备由一块可水平滑动的长方形底板及一块围绕圆心自转的圆形底板及其周缘的固定底板构成，试验中水平滑动与旋扭运动同时进行，长方形底板右旋走滑时圆形底板逆时针转动；长方形底板左旋走滑时圆形底板顺时针转动。

在本组实验中，实验材料的砂泥水比值（s：m：w）为 5：3：2，模拟地层厚度（h）为 2.5～5.0cm（表 5-6）。根据达尔布特断裂由右旋走滑转变为左旋走滑的构造背景，第二组实验均采用先右旋扭动（图 5-38a）再左旋扭动（图 5-38b）的变形机制。本组物理模拟实验共进行 3 轮次，每轮次实验的参数设置见表 5-6，主要包含两组参数，分别为：（1）砂泥水比值（s：m：w，体积比）；（2）模拟地层厚度（h）。为便于描述断层的发育情况，将下列图件方向定为上北下南，左西右东。

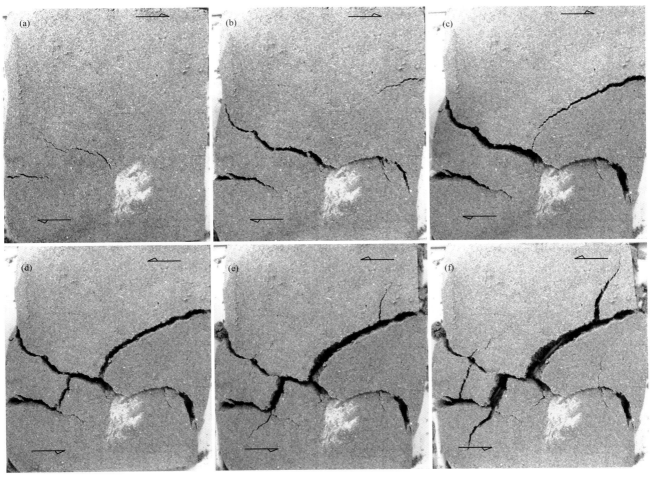

图 5-37　红山岩体物理模拟实验 1-4 构造变形

（a-c）右旋压扭；（d-f）左旋张扭

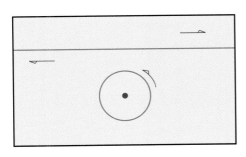

(a)右旋扭动

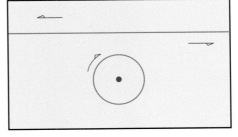

(b)左旋扭动

图 5-38　物理模拟实验设置：帚状构造模拟

表 5-6　第二组物理模拟实验参数设置表

实验轮次	砂：泥：水	模拟地层厚度（cm）
2-1	5：3：2	2.5
2-2	5：3：2	3.5
2-3	5：3：2	5.0
2-4	5：3：2	6.0

1）模拟实验 2-1

模拟实验 2-1 采用的实验材料砂泥水比值（s∶m∶w）为 5∶3∶2（以下均为体积比），模拟地层厚度（h）为 2.5cm。该轮实验在走滑旋扭应力背景下所发生的构造变形如图 5-39 所示。

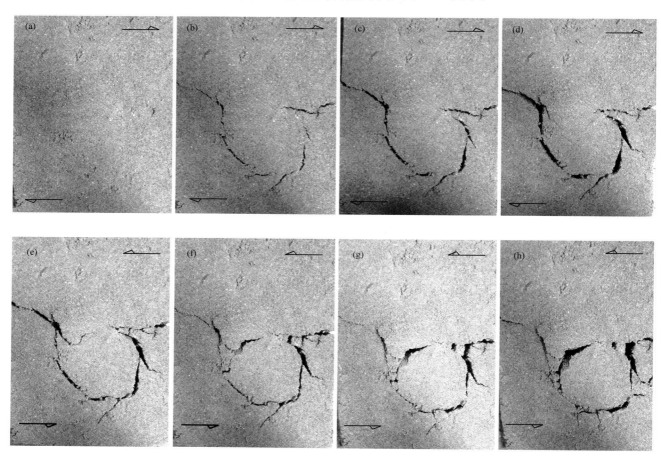

图 5-39　红山岩体物理模拟实验 2-1 构造变形
（a-d）右旋扭动；（e-h）左旋扭动

在图 5-39 中观察到在伴随逆时针旋扭的右旋扭动的过程中，出现一系列以圆形底板为中心的放射状节理及沿长方形底板边界发育的在水平走滑作用下形成的近东西向的节理。应力转变为伴随顺时针旋扭的左旋扭动后，两组节理相互联结，最终形成图 5-39h 中的构造形态。本轮实验主要反映出旋扭应力对地层的影响，但由于实验仪器预设的旋扭应力较大，模拟地层过早的沿圆形底板破裂，导致应力卸载，走滑断层特征不明显。

2）模拟实验 2-2

本轮实验材料砂泥水比值（s∶m∶w）为 5∶3∶2（以下均为体积比），为降低旋扭应力对模拟地层的影响，增加模拟地层厚度（h）至 3.5cm。该轮实验在走滑旋扭应力背景下所发生的构造变形如图 5-40 所示。

在图 5-40 中观察到在伴随逆时针旋扭的右旋扭动的过程中，出现一系列以圆形底板为中心的放射状节理及在水平走滑作用下形成的近东西向的节理。应力转变为伴随顺时针旋扭的左旋扭动后，两组节理相

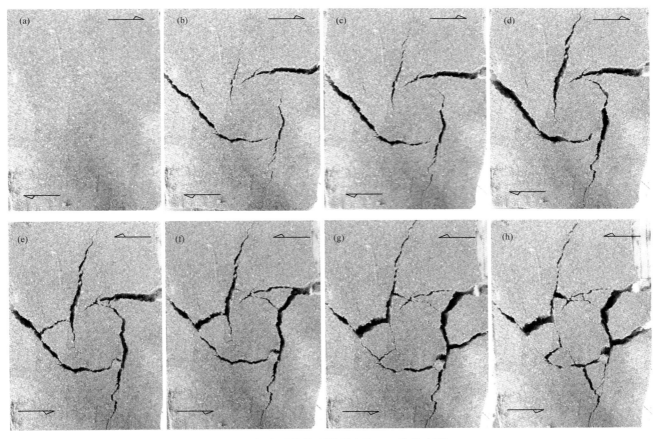

图 5-40　红山岩体物理模拟实验 2-2 构造变形

(a-d) 右旋扭动；(e-h) 左旋扭动

互联结,两个方向的旋扭导致一些小断块的形成,最终呈现图 5-40h 中的构造形态。本轮实验依然主要反映出旋扭应力对地层的影响,模拟地层的增厚虽然在一定程度上减弱了旋扭应力的向上传递,但模拟地层过早沿圆形底板破裂而释放应力,走滑断层特征不明显。

3)模拟实验 2-3

模拟实验 2-3 采用的实验材料砂泥水比值(s：m：w)为 5：3：2(以下均为体积比),为降低旋扭应力对模拟地层的影响,增加模拟地层厚度(h)至 5cm。该轮实验在走滑旋扭应力背景下所发生的构造变形如图 5-41 所示。

在图 5-41 中观察到在伴随逆时针旋扭的右旋扭动的过程中,出现一系列以圆形底板为中心的放射状节理;沿长方形底板边界发育一组近东西向排布的左行张节理,反映出右旋走滑的特征。应力转变为伴随顺时针旋扭的左旋扭动后,两组节理相互联结,两个方向的旋扭导致一些小断块的形成,最终呈现图 5-41h 中的构造形态。本轮实验依然主要反映出旋扭应力对地层的影响,并具有一定的走滑构造特征,模拟地层的增厚虽然在一定程度上减弱了旋扭应力的向上传递,但模拟地层还是过早的沿圆形底板破裂,导致应力卸载,早期表现出的走滑断层特征被后期的顺时针旋转形成的节理所掩盖,导致走滑断层特征不明显。

4）模拟实验 2-4

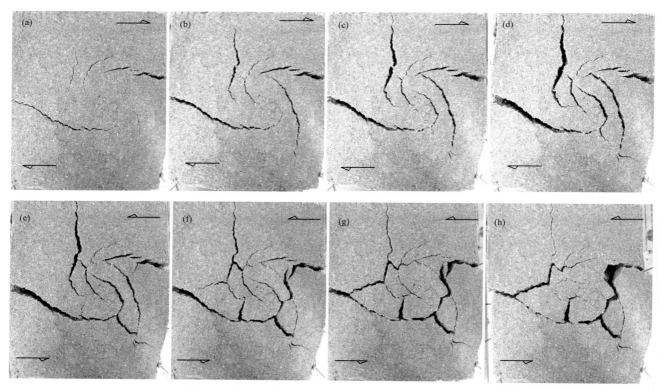

图 5-41　红山岩体物理模拟实验 2-3 右旋扭动构造变形
（a-d）右旋扭动;（e-h）左旋扭动

模拟实验 2-4 采用的实验材料砂泥水比值（s∶m∶w）为 5∶3∶2（以下均为体积比），为降低旋扭应力对模拟地层的影响，将其分为上下两层,（其中上层厚 2.5cm，下层厚 3.5cm，共 6.0cm）并在两套模拟地层中间位于圆形底板之上的部位垫入薄胶皮作为缓冲。该轮实验在走滑旋扭应力背景下所发生的构造变形如图 5-42 所示。

在图 5-42 中观察到在伴随逆时针旋扭的右旋扭动的过程中，出现一系列北西—南东方向的节理；沿长方形底板边界发育两条近东西向的节理。应力转变为伴随顺时针旋扭的左旋扭动后，两组节理相互联结，最终形成以东西向的节理为主，以与其呈低角度或高角度相交的节理为辅的走滑构造形态，并在局部形成弧形节理。本轮实验较好地还原了走滑旋扭应力背景下的构造形态，一定程度上再现了红山岩体区域的形成演化过程。

综合以上第二组共计 4 轮物理模拟实验结果，显然模拟地层的厚度及旋转应力的大小对模型中发育节理的规模、几何形态、排列组合特征等有着重要的控制作用。其中模拟实验 2-4（图 5-42）的结果较好地吻合达尔布特断裂在红山岩体区域的几何学特征，岩浆可能沿达尔布特断裂活动产生的裂缝上涌形成红山岩体，而在红山岩体形成后则受到达尔布特断裂进一步活动的影响形成一系列相互交切的岩脉，反映了红山岩体的发育与达尔布特断裂带有一定的相关性。

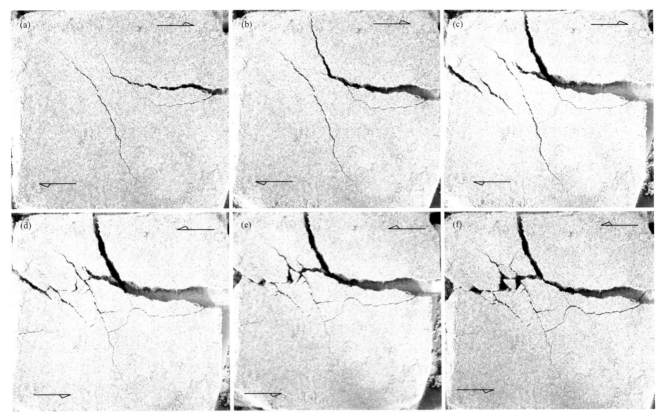

图 5-42　红山岩体物理模拟实验 2-4 构造变形

（a-c）右旋扭动；（d-f）左旋扭动

二、综合认识

以上两组共 8 轮物理模拟实验,分别研究了两种应力背景下模拟地层中发育节理的构造和平面分布特征,两种应力背景分别为:（1）斜交式走滑应力背景;（2）走滑旋扭应力背景。

在斜交式走滑应力背景下,选择适当的实验材料(适当的砂泥水比值)和模拟地层厚度在模拟地层中较好地实现了简单剪切模式的构造形态,一定程度上还原了红山岩体区域在达尔布特断裂影响下的形成演化过程(图 5-40)。然而,由于实验仪器预设为右旋压扭和左旋张扭,并不能与红山岩体区域所处的应力背景很好的吻合。

走滑旋扭应力背景下,形成了以东西向的节理为主,以与其呈低角度或高角度相交的节理为辅的走滑构造形态,并在局部形成弧形节理。较好地还原了走滑旋扭应力背景下的构造形态,一定程度上再现了红山岩体区域在达尔布特断裂影响下的形成演化过程(图 5-42)。岩浆可能沿达尔布特断裂活动产生的裂缝上涌形成红山岩体,而在红山岩体形成后则受到达尔布特断裂进一步活动的影响形成一系列相互交切的岩脉,反映了红山岩体的形成和发育与达尔布特断裂带有一定的相关性。

参 考 文 献

白振华,孙培元,孙宝才.2011.准噶尔盆地乌—夏断裂带构造特征及其油气成藏意义[J].石油地质与工程,25（3）:19–22.

蔡士赐.2008.新疆维吾尔自治区岩石地层[M].北京:中国地质大学出版社.

蔡忠贤,陈发景.2000.准噶尔盆地的类型和构造演化[J].地学前缘,7（4）:431–440.

曹瑞成,陈章明.1992.早期探区断层封闭性评价方法[J].石油学报,13（1）:33–37.

曹宣铎,赵志长,张金声,等.1985.西准噶尔地区达拉布特断裂带两侧地层的新认识[J].西北地质,（4）:16–25.

陈发景,汪新文,汪新伟.2005.准噶尔盆地的原型和构造演化[J].地学前缘,12（3）:77–89.

陈石,郭召杰.2010.达拉布特蛇绿岩带的时限和属性以及对西准噶尔晚古生代构造演化的讨论[J].岩石学报,8:2336–2344.

陈业全,王伟锋.2004.准噶尔盆地构造演化与油气成藏特征[J].石油大学学报(自然科学版),03:4–8.

戴俊生.2006.构造地质学及大地构造[M].北京:石油工业出版社.

杜社宽.2005.准噶尔盆地西北缘前陆冲断带特征及对油气聚集作用的研究[D].中国科学院研究生院(广州地球化学研究所),广州:构造地质学.

冯鸿儒,李旭.1990.西准噶尔达拉布特断裂系构造演化特征[J].西安地质学院学报,12（2）:46–55.

冯鸿儒.1991.应用卫星数字图像研究达拉布特断裂[J].国土资源遥感,10（4）:30–39.

冯建伟,戴俊生,鄢继华,等.2009.准噶尔盆地乌夏前陆冲断带构造活动—沉积响应[J].沉积学报,27（3）:494–502.

辜平阳,李永军,王晓刚,等.2001.西准噶尔达尔布特SSZ型蛇绿杂岩的地球化学证据及构造意义[J].地质评论,57（1）:36–44.

管树巍,李本亮,侯连华,等.2008.准噶尔盆地西北缘下盘掩伏构造油气勘探新领域[J].石油勘探与开发,35（1）:17–22.

郭丽爽,刘玉琳,等.2010.西准噶尔包古图地区地层火山岩锆石LA-ICP-MS U-Pb年代学研究[J].岩石学报,26（2）:471–477.

韩宝福,郭召杰,何国琦.2010."钉合岩体"与新疆北部主要缝合带的形成时限[J].岩石学报,26（08）:2233–2246.

韩宝福,季建清,宋彪,等.2006.新疆准噶尔晚古生代陆壳垂向生长(I):后碰撞深成岩浆活动的时限[J].岩石学报,22（5）:1077–1086.

何登发,管树巍,张年富,等.2006.准噶尔盆地哈拉阿拉特山冲断带构造及找油意义[J].新疆石油地质,27（3）:267–269.

何登发,尹成,杜社宽,等.2004.前陆冲断带构造分段特征——以准噶尔盆地西北缘断裂构造带为例[J].地学前缘,03:91–101.

匡立春,刘楼军,师天明,等.2015.准噶尔盆地周边典型露头剖面图集[M].北京:石油工业出版社.

况军,张越迁,侯连华.2008.准噶尔盆地西北缘克百掩伏带勘探领域分析[J].新疆石油地质,29（4）:431–434.

兰廷计.1986.西准噶尔推覆体及其演化[J].新疆石油地质,（3）:38–46.

李辛子,韩宝福,李宗怀,等.2005.新疆克拉玛依中基性岩墙群形成力学机制及其构造意义[J].地质论评,51（5）:517–522.

林隆栋.1984.断裂掩覆油藏的发现与克拉玛依油田勘探前景[J].石油与天然气地质,5（1）:1–10.

刘伟,贾中,李丽,等.2002.复杂断块油气田断层封闭性综合分析方法[J].断块油气田,9（1）:25–28.

刘振宇,徐怀宝,庞雷.2007.准噶尔盆地乌—夏断裂带构造迁移特征[J].新疆石油地质,28（4）:399–402.

吕延防,付广,张云峰,等.2002.断层封闭性研究[M].北京:石油工业出版社.

吕延防,李国会,王跃文,等.1996.断层封闭性的定量研究方法[J].石油学报,17（3）:39–45.

吕延防，马福建 .2003. 断层封闭性影响因素及类型划分 [J]. 吉林大学学报，33（2）：163–166.

马宗晋，曲国胜，陈新发 .2008. 准噶尔盆地构造格架及分区 [J]. 新疆石油地质，01：1–6.

孟家峰，郭召杰，方世虎 .2009. 准噶尔盆地西北缘冲断构造新解 [J]. 地学前缘，03：171–180.

曲国胜，马宗晋，陈新发，等 .2009. 论准噶尔盆地构造及其演化 [J]. 新疆石油地质，30（1）：1–5.

曲国胜，马宗晋，张宁，等 .2008. 准噶尔盆地及周缘断裂构造特征 [J]. 新疆石油地质，03：290–295.

邵雨，汪仁富，张越迁，等 .2011. 准噶尔盆地西北缘走滑构造与油气勘探 [J]. 石油学报，06：976–984.

苏玉平，唐红峰，候广顺，等 .2006. 新疆西准噶尔达拉布特构造带铝质 A 型花岗岩的地球化学研究 [J]. 地球化学，35（1）：
      55–67.

孙羽，赵春环，等 .2014. 西准噶尔包古图地区石炭系希贝库拉斯组碎屑锆石 LA–ICP–MS U–Pb 年代学及其地质意义 [J]. 地层
      学杂志，1：42–50.

孙自明，洪太元，张涛 .2008. 新疆北部哈拉阿拉特山走滑—冲断复合构造特征与油气勘探方向 [J]. 地质科学，02：309–320.

童崇光，陈布科 .1986. 准噶尔盆地乌—夏地区逆掩断裂带的形成机制与油气聚集 [J]. 成都理工大学学报（自科版），（1）：4–17.

童亨茂 .1998. 断层开启与封闭的定量分析 [J]. 石油与天然气地质，19（3）：215–220.

王东晔，查明，吴孔友 .2007. 有关断层封闭性若干问题的探讨 [J]. 新疆石油地质，28（4）：513–520.

王军，戴俊生，冯建伟，等 .2009. 准噶尔盆地乌夏断裂带构造样式演化 [J]. 西南石油大学学报（自然科学版），31（3）：29–33.

王延欣，侯贵廷，刘世良，等 .2011. 准噶尔盆地古生代末大地构造动力学数值模拟 [J]. 地球物理学报，54（2）：441–448.

吴宏恩，陈新蔚，杨梅珍，等 .2013. 西准达尔布特南东部包古图构造岩块体构造格架形成初探 . 新疆有色金属，36（5）：52–55.

吴孔友，查明，王绪龙，等 .2005. 准噶尔盆地构造演化与动力学背景再认识 [J]. 地球学报，03：217–222.

吴庆福 .1985. 哈萨克斯坦板块准噶尔板片演化探讨 [J]. 新疆石油地质，（1）：14–25.

吴智平，陈伟，薛雁，等 .2010. 断裂带的结构特征及其对油气的输导和封堵性 [J]. 地质学报，04：570–578.

肖芳锋，侯贵廷，王延欣，等 .2010. 准噶尔盆地及周缘二叠纪以来构造应力场解析 [J]. 北京大学学报（自然科学版），46（2）：
      224–230.

谢宏，赵白，林隆栋，等 .1984. 准噶尔盆地西北缘逆掩断裂区带的含油特点 [J]. 新疆石油地质（3）：4–18.

徐怀民，徐朝晖，李震华，等 .2008. 准噶尔盆地西北缘走滑断层特征及油气地质意义 [J]. 高校地质学报，02：217–222.

荀威，等 .2009. 中拐地区花状构造对油气的控制作用 [J]. 天然气勘探与开发，32（4）：17–19.

杨高学，李永军，杨宝凯，等 .2013. 西准噶尔达尔布特蛇绿混杂岩中碱性玄武岩的成因：晚泥盆世地幔柱的产物 [J]. 地学前缘，
      20（3）：192–203.

杨庚，王晓波，李本亮，等 .2009. 准噶尔盆地西北缘斜向挤压构造与油气分布规律 [J]. 石油与天然气地质，01：26–32.

杨海波，陈磊，孔玉华 .2004. 准噶尔盆地构造单元划分新方案 [J]. 新疆石油地质，25（6）：686–688.

杨克绳 .1994. 应用地震信息鉴别花状构造及相似构造样式 [J]. 石油勘探与开发，03：39–45.

雍天寿，何孔昭，葛芃芃，等 .1984. 准噶尔盆地西北缘各山系石炭—二叠纪地层层序初步探讨 [R]. 新疆石油地质，2：16–27.

尤绮妹 .1983. 准噶尔盆地西北缘推复构造的研究 [J]. 新疆石油地质，（1）：11–21.

余朝华 .2008. 渤海湾盆地济阳坳陷东部走滑构造特征及其对油气成藏的影响研究 [D]. 中国科学院研究生院（海洋研究所）.

张朝军，何登发，吴晓智，等 .2006. 准噶尔多旋回叠合盆地的形成与演化 [J]. 中国石油勘探，01：47–58.

张传绩 .1982. 准噶尔盆地西北缘克乌断裂带地震勘探效果 [J]. 新疆石油地质，（3）：51–59、63–65.

张传绩 .1983. 准噶尔盆地西北缘大逆掩断裂带的地震地质依据及地震资料解释中的几个问题 [J]. 新疆石油地质，（3）：2–13.

张功成,刘楼军,陈新发,等.1998.准噶尔盆地结构及其圈闭类型[J].新疆地质,03:221-230.

张琴华,魏洲龄,孙少华.1989.西准噶尔达尔布特断裂带的形成时代[J].新疆石油地质,10(1):35-38.

张义杰,何正怀.1998.准噶尔盆地地质结构、演化及其构造单元划分[R].新疆石油管理局勘探开发研究院,114-156.

张越迁,汪新,李震华,等.2011.准噶尔盆地西北缘乌尔禾—夏子街走滑构造及油气勘探意义[J].新疆石油地质,32(5):447-450.

赵白.1982.准噶尔盆地石炭、二叠系油气勘探前景[J].石油与天然气地质,3(1):75-80.

赵白.1992.准噶尔盆地的形成与演化[J].新疆石油地质,03:191-196.

赵瑞斌,李进云,石树中,等.1997.达尔布特断裂中段构造活动性[J].内陆地震,4:295-301.

赵志长,周良仁,黄廷弼,等.1983.新疆拉巴—达拉布特弧形断裂带特征[J].西北地质科学,(1):43-51、119-120.

Allen M B, Sengor A M C, Natalin B A.1995.Junggar.Turfan and Alakol basins as Late Permian to Early Triassic extensional structures in a sinistral shear zone in the Altaid orogenic collage, Central Asia[J].Journal of the Geological Society, 152(2):327-338.

Allen M B, Vincent S J.1997.Fault reactivation in the Junggar region, northwest China: The role of basement structures during Mesozoic-Cenozoic compression[J].Journal of The Geological Society, 154(1):151-155.

Baker R O, Kuppe F, Chugh S, et al.2002.Full-Field Modeling Using Streamline-Based Simulation: Four Case Studies[J].SPE 66405.

Feng Y, Coleman R G, Tilton G, et al.1989.Tectonic evolution of the West Junggar Region, Xinjiang, China[J].Tectonics, 8(4):729-752.

Harding T P.1985.Seismic characteristics and identification of negative flower structures, positive flower structures, and positive structural inversion[J].AAPG Bulletin, 69(4):582-600.

Harding T P.1990.Identification of Wrench Faults Using Subsurface Structural Data: Criteria and Pitfalls[J].AAPG Bulletin, 74(10):1590-1609.

Kim Y S, Andrews J R, Sanderson D J.2000.Damage zones around strike-slip fault systems and strike-slip fault evolution, Crackington Haven, southwest England[J].Geosciences Journal, 4(2):53-72.

Naylor M A, Mandl G, Sijpesteijn C.1986.Fault geometries in basement-induced wrench faulting under different initial stress states[J].Journal of Structural Geology, 8(7):737-752.

Richard P.1991.Experiments on faulting in a two-layer cover sequence overlying areactivated basement fault with oblique-slip[J].Journal of Structural Geology, 13(4):459-469.

Richard P, Mocquet B, Cobbold P R.1991.Experiments on simultaneous faulting and folding above a basement wrench fault[J].Tectonophysics, 188(1-2):133-141.

Sengor A M C, Cin A, Rowley D B, et al.1993.Space-time patterns of magmatism along the Tethy-sides[J].Journal of Geology, 101(1):51-84.

Sylvester A G.1988.Strike-slip faults[J].Geological Society of America Bulletin, 100(11):1666-1703.